오스트레일리아가
우리나라 가까이 오고 있다고?

나무를심는사람들

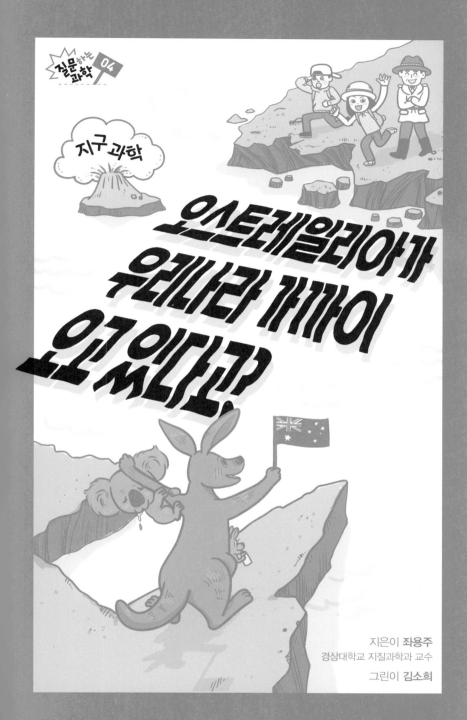

질문하는 과학 04

지구과학

오스트레일리아가 우리나라 가까이 오고 있다고?

지은이 **좌용주**
경상대학교 지질과학과 교수

그린이 **김소희**

사람들은 땅에 대해 별 생각 없이 살아갑니다. 단단한 돌덩이가 깔려 있으니 뛰고 구르고 힘껏 내리누르더라도 뭐 문제될 게 전혀 없겠지요. 여러분도 그렇게 생각하나요? 바람이 세차게 불고 물결이 크게 일렁이는 모습은 자주 관찰됩니다. 그런데 땅이 크게 흔들리는 모습은 흔히 볼 수 있는 게 아니죠. 땅은 단단하기 때문에 바람이나 물처럼 쉽게 움직이지 않습니다. 그렇다고 땅이 전혀 움직이지 않는 것은 아닙니다. 사람이 그 움직임을 전혀 느낄 수 없을 뿐이지요. 사실 아주 천천히 움직이는 땅에는 우리가 쉽게 찾을 수 없는 엄청난 비밀이 숨겨져 있답니다.

지구가 태어나서부터 지금까지 상상할 수 없을 정도로 어마어마한 사건들이 땅에서 일어났습니다. 우리는 이 책을 통해 그 사건들을 알아볼까 합니다. 때로는 사건을 조사하는 사람의 입장이 되어 사건의 내용을 낱낱이 살펴볼 것입니다. 또 때로는 사건을 일으킨 범인을 찾아서 왜 그랬는지 캐묻게 될 것입니다. 지구에서 벌어진 사건을 조사하려고 일부러 멀리 갈 필요는 없습니다. 우리가 사는 동네에도 사건의 흔적들이 여기저기 남아 있으니까요. 주변의 돌조각 하나하나 조심스럽게 살피다 보면 여러분도 어느덧 땅에서 벌어진 여러 사건들, 예를 들면 여러 종류의 돌이 어떻게 만들어졌는지, 땅이 어디에서 어떤 모양으로 갈라졌는지, 암석이 어떻게 잘게 부서져서 흙이 되는지 등을 알아내는 수사관이 되어 있을 테지요.

가끔은 주변의 이야기에도 귀 기울여 봅시다. 경주와 포항에서 큰 지진이 일어났지요. 또 백두산이 다시 화산 폭발할 것이라는 얘기도 들려옵니다. 진주에서는 새로운 공룡 화석들이 많이 발굴되었다고도 해요. 함께 조사해 볼 만한 사건들이지요. 이런 사건들을 조사하는 첫걸음은 "왜" 그런 일이 일어났는지에 대한 질문을 던지는 것입니다.

"왜 지진이?", "왜 화산이?", "왜 공룡이?"와 같은 질문으로부터 시작해 봅시다. 질문에 대한 답을 찾아 나가다 보면 지진이나 화산이 생기는 원인과 그것들이 지구와 우리에게 어떤 영향을 미쳐 왔는지 알 수 있을 거예요. 우리나라 여기저기에 지구에서 벌어진 사건들을 모아 놓은 공원들도 있다고 하니, 어디인지 알아보고 가까운 곳이면 찾아가 보는 것도 좋겠지요.

좋은 수사관이 되려면 사건 현장을 자세히 관찰하는 습관을 길러야 합니다. 지구를 조사할 때도 마찬가지입니다. 주변에 떨어진 돌멩이나 언덕에 우뚝 솟은 바위를 자세히 관찰하면서 지구에서 일어난 사건의 실마리를 풀어 가야 합니다. 그러다 보면 어느 순간엔가 사건의 윤곽이 드러나게 되겠지요.

지구에서 일어난 사건들을 제대로 이해하기 위해 타임머신을 타고 과거 어떤 시간으로 시간 여행을 떠나 볼 수도 있습니다. 며칠, 몇 주, 몇 달, 몇 년의 여행이 아니라 적어도 수십만 년, 수백만 년, 수천만 년, 수억 년 전으로 여행을 떠나야 합니다. 한번 떠나면 언제 다시 돌아올지 알 수 없는 여행이죠. 그래도 모험심과 용기를 가진 여러분은 이 여행을 두려워하지 않겠지요? 자, 그럼 시작해 볼까요?

차례

5장

땅속 에너지의 폭발, 지진

6장
지구 내부의 열 배출, 화산

1장

찬찬히 지구를
관찰해 볼까?

1

찰스 다윈이 지질학자였다고?

진화론으로 잘 알려진 찰스 다윈은 누구나 잘 아는 생물학자입니다. 그런데 생물학자로만 알고 있던 다윈의 연구 활동을 들여다보면 아주 흥미로운 사실을 발견할 수 있어요. 그것은 다윈이 지구에서 일어나는 다양한 현상들에도 관심이 많았다는 거예요. 사실 다윈은 생물학자였을 뿐만 아니라 지질학자로 활동을 많이 했답니다.

동식물과 지질학에 관심이 많던 다윈에게 더할 나위 없이 좋은 기회가 찾아옵니다. 스물세 살이 채 되기 전, 비글호라는 배를 타고 세계 일주를 할 기회가 찾아온 것이지요. 다윈이 승선한 비글호는 1831년 12월 27일, 영국 데번포트의 플리머스 항구를 출발해 5년 가까이 남아메리카와 오스트레일리아, 아프리카 등 여러 곳을 탐험하게 됩니다. 당시 케임브리지 대학을 갓 졸업한 다윈은 비글호의 항해 중에 발견한 여러 가지 동식물과 암석 등을 관찰하고 기록하는 일을 맡게 됩니다. 비글호를 타고 항해하면서 이루어 낸 생물학적 발견은 나중에 『종의 기원』에서 주장한 진화론의 중요한 단서가 되었지요.

》 여러 화산이 동시에 《
폭발한 것에 의문을 품다

그런데 사실 다윈의 첫 번째 관심은 다른 데 있었어요. 바로 지구의 모습과 지구에서 일어나는 다양한 현상이었습니다. 다윈은 땅이 어떻게 생겨나고 어떻게 변화하는지에 대해 여러 의문을 가졌어요. 남아메리카에 갔을 때는 거대한 용암 대지를 조사하고, 안데스 산맥이 어떻게 형성되었는지에 대해서 고민했지요.

그러던 어느 날 다윈은 남아메리카의 태평양 연안에서 화산 폭발을 목격하게 됩니다. 다윈은 남북으로 멀리 위치한 여러 화산이 거의 같은 시기에 폭발하는 것이 너무나도 이상하다고 기록했습니다. 요즘에는 남아메리카의 태평양 연안이 바로 불의 고리 지

역이라 화산 활동이 활발하다는 사실이 널리 알려져 있습니다. 그
런데 다윈의 시대에는 그런 사실을 몰랐던 거지요. 그러나 그런
사실을 파악하고 기록했다는 점은 무척 중요한 사실입니다.

》 지진 해일을 정확히 《
관찰하고 기록하다

다윈이 남아메리카의 태평양 연안에서 하나 더 발견한 현상은 바
로 지진 해일입니다. 땅이 흔들리는 지진은 당시에도 잘 알려진
현상이었지만, 지진 해일은 달랐어요. 우선 다윈이 관찰하고 기록

한 지진 해일의 모습은 '먼저 바닷물이 해안에서 멀리 빠져나간 다음 다시 밀물처럼 해안으로 다가온다'입니다.

다윈이 기록한 현상은 현재 우리가 알고 있는 지진 해일의 과학적인 설명과 완전히 일치합니다. 다윈은 이런 현상이 어떻게 생겨나게 되었는지에 대해서는 알지 못했지요. 하지만 지금으로부터 약 180년 전에 너무나도 정확한 지구 관찰 기록이 쓰였다는 점이 참으로 놀라울 따름입니다.

지진을 경험한 다윈은 자연 재해에 대해서 이런 경고를 했습니다. 지진 같은 현상으로 사회는 불안정해지고, 자칫 나라가 망할 수도 있다고요. 18세기 중반 영국, 포르투갈, 이탈리아 등 여러 나라에서 지진이 발생했고 엄청난 인명과 재산 피해를 입었습니다. 특히 1755년 포르투갈 리스본 대지진을 경험한 유럽 사람들의 충격은 엄청 컸지요. 다윈은 남아메리카에서 화산 폭발을 직접 경험한 뒤, 또다시 자연의 무서움을 경고한 것입니다.

다윈이 비글호를 타고 지구를 탐험하고 관찰했던 기록은 1845년에 『비글호 항해기』라는 책으로 출판되었어요. 이 책에서 다윈은 생물학자의 모습뿐만 아니라 화산 폭발, 지진, 지질 구조 등을 함께 기록한 지질학자이기도 했다는 사실이 잘 드러나 있답니다.

2

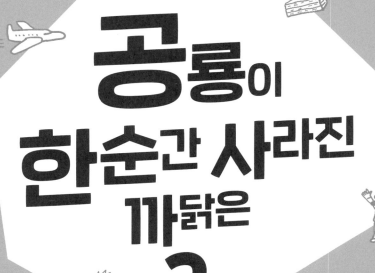

공룡이 한순간 사라진 까닭은?

'공룡'이라는 말을 들으면 왠지 모르게 두근두근 가슴이 뜁니다. 아주 오래전, 지구를 차지하고 호령했던 공룡들은 왜 갑자기 다 사라진 걸까요? 공룡이 사라진 그때 지구에 무슨 일이 일어난 것인지 지금 알아낼 수 있을까요?

우리나라에도 공룡이 살았을까요? 공룡은 중생대에 살았던 동물이니까 그 시대의 땅을 조사해 보면 알 수 있습니다. 중생대 지층은 우리나라 남부 지방에 많이 분포하고 있어요. 특히 남해안은 공룡 발자국 화석이 많이 발견되는 장소로 세계적으로 유명하답니다.

구체적으로 우리나라 어느 지역에 공룡이 살았는지 궁금하지요? 경상남도 고성과 창원, 전라남도 해남의 바닷가에서 공룡 발자국 화석과 새 발자국 화석이 대규모로 발견되었어요. 최근에는 경상남도 진주에서도 익룡을 비롯한 여러 종류의 공룡 발자국 화석이 계속 발견되고 있습니다. 또 경상남도 하동에서 1973년 공룡알 껍질 화석이 처음 발견된 이래 경상북도 의성, 경상남도 합천, 전라남도 광양 등지에서도 공룡의 골격 화석이 발견되었어요. 이제 한반도에 공룡이 살았다는 사실은 의심의 여지가 없게 되었지요.

》 운석이 날아와 《
지구와 충돌했다고?

공룡을 연구하는 학자들에게 가장 커다란 의문은 중생대 당시 오랜 시간 지구를 주름잡던 공룡이 어떻게 순식간에 사라졌냐는 것입니다. 대략 1억 6천만 년 동안이나 계속되던 공룡 시대가 6,500만 년 전에 갑자기 끝나 버렸어요. 너무 빠른 시간 안에 사라져 자연에 적응하지 못해 사라졌다고는 도무지 생각할 수 없는 것이지요. 이 대재앙의 원인은 아직도 큰 수수께끼로 남아 있으며, 그동안 여러 가지 공룡 멸종설이 제시되어 왔습니다.

그러다가 마침내 믿을 만한 지질학적 증거를 발견했습니다. 1979년 미국 캘리포니아 대학교의 앨버레즈 교수와 동료들이 공룡이 멸종할 당시 커다란 운석이 지구에 충돌했다는 사실을 발견한 것입니다. 이 지질학적 증거는 특정 시기의 지층 속에 포함된 화학 원소의 함량을 측정하면서 발견되었어요. 이 지층은 공룡이 살던 중생대의 마지막 시기인 백악기와 신생대가 시작하던 시기인 제3기의 경계가 되는 땅을 말합니다. 그러니까 백악기와 제3기 지층의 경계인데, 보통 K-T 경계라고 합니다.

덴마크, 이탈리아, 뉴질랜드 등지의 K-T 경계 지층에서 검은색의 점토 물질이 발견되었는데, 이 물질 속에 지각에 포함된 양보다 100배 이상 많은 양의 이리듐(Ir)과 오스뮴(Os), 백금(Pt) 등의 원소가 포함되어 있었던 것입니다. 이 원소들을 백금족 원소라고 부르는데, 무거워서 지구 내부로 대부분 가라앉아 지각에는 거의 존재하지 않습니다.

'그러면 이 지층에 비정상적으로 많이 들어 있는 백금족 원소들은 어디서 왔을까?' 고민하던 학자들은 이 원소들이 지구 밖에서 왔을 것이라고 생각하게 되었어요. 그러면서 공룡이 멸종된 시기에 외계에서 지구로 날아온 운석이 지구와 충돌했다는 시나리오를 생각해 낸 것입니다. 그 운석 속에는 많은 양의 백금족 원소가 포함되어 있었을 것입니다.

세계 각지에서 연구한 결과 이 운석의 크기는 지름이 약 10킬로미터이고, 운석이 지구로 떨어진 시기는 대략 6,500만 년 전인 것으로 밝혀졌습니다. 운석이 떨어진 장소는 멕시코의 유카탄반도의 바닷가라고 추정되고 있지요.

》 엄청난 먼지가 핵겨울과 《
온실 효과를 일으켜

그런데 이 정도 크기의 운석이 지구에 충돌한 뒤 어떤 과정을 통해 공룡이 멸종했는지 알아봅시다. 공룡 멸종의 직접적인 원인은 충돌로 인한 충격 때문만이 아닐 거예요. 지름이 10킬로미터에 이르는 커다란 운석이 지구와 부딪치면서 엄청난 에너지가 생기고 그로 인해 암석이 녹으면서 거대한 충돌구를 만들었습니다. 하지만 이런 정도로 공룡이 멸종되지는 않았을 거라는 거지요. 그것보다는 실제로 큰 충격 후에 연속적으로 일어난 현상들이 보다 직접적인 원인이 되었을 것입니다.

먼저 운석이 지구에 충돌하면, 충돌 에너지가 열에너지로 바뀌고 그 열에 근처에 있던 생명체들은 모두 타 죽었을 것입니다. 그다음으로 충돌로 생긴 어마어마한 양의 먼지가 대기로 올라가 햇빛을 차단하고, 따라서 지구 표면의 온도가 내려가서 마치 핵겨울 같은 상태가 되었을 거예요. 이 상태는 상당 기간 계속되었을 것이고, 생명체에게 엄청난 피해를 주었겠지요.

다음으로는 먼지에 의해 두꺼워진 대기 때문에 온실 효과가 심해지면서 이번에는 기온이 올라가서 타격을 받습니다. 이런 연속적인 과정 속에서 공룡을 비롯한 많은 생명체가 멸종했으리라는 것이 운석 충돌설의 기본 시나리오입니다.

3

지구가 온통 얼음으로 덮여 있었다고?

요즘 인터넷에서 지구의 기후를 검색하면 대부분 지구 온난화에 대한 이야기가 많이 나옵니다. 계속 더워져서 극지방의 빙하가 녹고, 해수면이 올라가고, 환경 피해가 늘어난다는 것이지요. 그런데 과거에 지구 대부분이 얼음으로 덮였던 시절이 있었어요. 지구가 얼음으로 덮여 있었다는 사실을 어떻게 알 수 있었을까요?

지금은 남극 대륙과 그린란드를 제외하고 땅이 얼음으로 덮여 있는 지역을 찾아보기 힘듭니다. 그런데 아주아주 먼 옛날, 지구 대부분의 땅이 얼음으로 덮여 있었던 시절이 있었습니다. 그 시절에는 바다의 수면 높이가 아주 낮았습니다. 지금보다 적어도 100미터 이상 낮았지요. 지금 바다인 곳도 물 밖으로 드러났고, 물 밖으로 드러난 땅을 통해 인류의 대이동이 있었습니다. 아시아에서 아메리카로 인류가 이동한 것 역시 땅이 얼어붙었던 시절에 있었던 일입니다.

지구의 땅이 얼어붙은 그 혹한의 시절을 우리는 '빙하기'라고 부릅니다. 지구의 빙하기는 과거에 딱 한 번만 있었던 것이 아니라 여러 차례 있었어요. 가장 최근의 빙하기는 지금부터 약 1만 년 전에 물러갔습니다. 현재 우리는 빙하기와 빙하기 사이의 시간을 의미하는 '간빙기'에 살고 있지요.

》 커다란 바윗덩이가 《 어떻게 먼 거리를 이동했을까?

그런데 과거 지구에 빙하기가 있었다는 사실을 어떻게 알아냈을까요? 이 질문에 대한 답을 찾으려면 바로 빙하기 때 남겨진 흔적을 찾으면 됩니다. 빙하가 만든 지형, 빙하가 할퀸 자국, 그리고 빙하가 운반한 물질 등을 찾는 것이지요. 그런데 빙하가 남긴 흔적은 어떻게 찾은 걸까요?

미국 뉴욕의 센트럴 파크에 가면 공원 안에 크기가 수 미터나 되는 큼직한 바윗덩이들이 여기저기 흩어져 있습니다. 이 바윗덩이들은 어떻게 만들어졌을까요? 지질학자들은 이 바윗덩이들이 센트럴 파크에서 만들어졌거나 혹은 가까운 곳에서 운반되어 온 것이 아니라 상당히 먼 거리를 이동해 센트럴 파크까지 왔다는 사실을 밝혀냈습니다.

센트럴 파크의 바윗덩이와 비슷한 돌들이 세계 각지에 분포합니다. 영국 바닷가에서도 스위스의 알프스산맥에서도 발견되었지요. 이처럼 원래 장소로부터 먼 거리를 이동해 온 돌을 '미아석' 또는 '표이석'이라고 부릅니다. 집을 잃어버린 돌 또는 떠내려온 돌이라는 의미지요.

미아석은 뚜렷한 두 가지 특징을 가집니다. 첫째, 크기가 아주 큽니다. 수 미터에서부터 큰 것은 집채만 한 크기예요. 둘째, 돌이 놓여 있는 장소 부근에는 그 돌과 유사한 성분의 암석이 없다는 점입니다. 그러니 짧게는 수 킬로미터 길게는 수백 킬로미터를 이동해 온 돌이라는 것입니다.

이렇게 커다란 바윗덩이가 어떻게 먼 거리를 이동했을까요? 먼저 물의 힘을 생각해 볼 수 있습니다. 홍수가 일어나면 강물의 거친 물살이 바윗덩이를 운반할 수 있겠지요. 그러나 아무리 물의 힘이 세더라도 커다란 바윗덩이가 이동할 수 있는 거리는 그다지 길지 않아요. 물의 힘만으로는 불가능하다면 어떤 힘이 바윗덩이를 옮겼을까요?

어떤 사람들은 물의 힘에 빙산의 역할을 더한 모델을 생각해 냈지요. 미아석은 거대한 빙산 아래에 붙어 있었는데, 이 빙산이 홍수 같은 물의 힘으로 떠내려오다가 지금 그 자리에 미아석을 떨어뜨렸다고 생각했어요. 조금 앞선 생각이었지만 물의 힘이 중요하다는 점을 버리지는 않았지요.

미아석의 문제를 해결한 방법은 스위스에서 나왔습니다. 스위스는 알프스산맥을 끼고 있는 나라입니다. 알프스가 아름다운 이유 중의 하나는 어디서도 볼 수 있는 수려한 산들 때문입니다. 그런데 그 산들의 정상은 마치 칼로 도려낸 듯 날카로운 모습을 하고 있어요. 마테호른이 대표적이에요. 마테호른의 '호른'은 뾰족하고 날카로운 산꼭대기를 뜻합니다. 알프스를 생활 무대로 하는 사람들은 예로부터 빙하의 흔적을 곁에 두고 살아왔어요. 산에 있는 암석 표면에 깊게 파인 할퀸 자국과 미아석이 바로 빙하의 흔적이에요. 알프스의 지질을 연구하던 과학자들은 이 두 흔적이 빙하가 이동하면서 남긴 것이라고 생각했습니다.

》 미아석은 빙하가 《 운반한 돌

내린 눈이 계속 쌓이고 쌓이다 보면 치밀하게 굳어져 얼음이 되고, 이것이 더 두껍게 쌓이면 빙하가 됩니다. 빙하의 면적이 넓어지고 두꺼워지면 '빙하가 전진한다'고 말하고, 반대로 그 면적이 좁아지면 '빙하가 후퇴한다'고 말합니다. 보통 빙하는 경사진 땅 위에 덮여 있기 때문에 상당히 먼 거리까지 전진할 수 있어요. 빙하가 전진할 때 빙하는 경사의 아래쪽으로 흐르게 됩니다. 흘러가는 빙하는 아래 놓인 땅의 암석을 쓸면서 내려가겠지요. 거기에 할퀸 자국을 만들게 되고 부서진 암석들은 빙하의 아래 면에서 쓸려 내려갑니다. 부서진 암석은 작은 파편에서 집채만 한 돌덩이까지 크기가 다양해요. 미아석은 이렇게 운반되는 것입니다. 그러다가 빙하가 녹으면 미아석은 그 자리에 그대로 남게 되지요.

이렇게 빙하가 만들어지고 이동하면서 남긴 흔적을 통해 과거 지구가 얼었던 시절이 있었음을 알아냈답니다.

4

지구에 빙하기는 왜 찾아올까?

빙하가 지구 곳곳에 남긴 흔적을 통해 우리는 과거 지구에 빙하기가 있었다는 것을 알 수 있어요. 그런데 어떻게 지구는 꽁꽁 얼어붙었을까요? 그리고 다음 빙하기는 언제 시작될지 알 수 있을까요?

알프스에 남겨진 흔적을 조사해 빙하가 이동하는 모습을 자세히 밝힌 사람은 스위스의 학자 루이스 아가시입니다. 아가시는 빙하가 과거에 유럽, 아메리카, 아시아의 북방을 아우르는 넓은 지역을 전부 덮고 있었다고 주장했지요. 아가시의 연구를 통해 비로소 지구에 빙하기가 있었음이 밝혀진 것입니다. 하지만 아가시는 지구에 왜 빙하기가 찾아오는지에 대해서는 설명할 수 없었어요.

》 지구 빙하기의 《
세 가지 원인

이 문제는 1900년대 초, 세르비아 출신 천문학자이자 수학자인 밀란코비치에 의해 풀렸습니다. 밀란코비치는 빙하기의 원인을 세 가지로 설명했어요. 첫 번째 원인은 태양을 도는 지구의 공전 궤도의 거리가 달라지기 때문이에요. 지구 공전 궤도는 10만 년을 주기로 원에 가까운 모양에서 길쭉한 타원 모양으로 변합니다. 지구와 태양의 거리가 최대가 되면 겨울이 한 달 이상 길어지고 수천 년 동안 추워지면서 빙하기가 오게 됩니다.

두 번째 원인은 지구 자전축의 경사 효과 때문이에요. 지구는 자전축이 약 23.5도 기울어진 채 공전해서 여름에는 북반구가 태양을 향하고 겨울에는 남반구가 태양을 향하게 되지요. 이 효과로 연중 사계절이 생겨납니다. 대략 4만 1,000년을 주기로 지구 자전축의 기울기 각도는 21.5도와 24.5도 사이에서 변합니다. 이 기울기가 최소가 되면 여름은 서늘해지고 겨울은 따뜻하게 됩니다.

세 번째 원인은 지구의 세차 운동 때문입니다. 자전축이 기울어져 있기 때문에 축이 원을 그리며 세차 운동, 즉 팽이 운동을 합니다. 팽이가 돌다가 회전 속도가 줄어들 때 회전축이 원을 그리며 도는 모습을 떠올리면 됩니다. 세차 운동 때문에 북반구가 태양에서 멀어지는 시점이 되면 여름은 시원하고 겨울은 온화해 빙하가 성장하는 데 좋은 조건이 만들어집니다. 세차 운동의 주기는 2만 6,000년이지요.

10만 년, 4만 1,000년, 2만 6,000년을 주기로 일어나는 이 세 가지 효과 중 어느 한 가지만으로도 작은 빙하기를 가져오기 충분해요. 그런데 만약 이 세 가지 효과가 중첩되면 지구의 대부분은 얼음으로 덮일지도 모릅니다.

》 여름이 덥지 않으면 《 빙하기가 찾아온다고?

그런데 얼핏 빙하기는 겨울이 너무 추워서 온다고만 생각하기 쉬운데, 신기하게도 여름이 덥지 않기 때문에 빙하기가 찾아옵니다. 잘 생각해 봅시다. 겨우내 내린 눈이 지구에 쌓여요. 눈이 많이 쌓여 땅을 덮는 얼음이 늘어나더라도 여름철 태양이 뜨거우면 다 녹아 버릴 것입니다. 그런데 여름이 서늘해져서 지난겨울 쌓인 눈과 얼음이 다 녹지 못해요. 게다가 눈과 얼음은 열을 적게 흡수하고 햇빛을 모두 반사해 주변을 더욱 차게 만듭니다. 이때 바다로부터 불어오는 습기를 잔뜩 품은 따뜻한 기단이 대륙의 찬 기단을 만나

상승하고, 그러다가 무거워진 구름이 눈이 되어 내립니다. 계속 내리는 눈은 주위를 더욱 차게 하고 그 결과 기온이 떨어져 구름이 아래로 내려오면서 눈이 더 많이 오지요.

　내린 눈이 점점 쌓이면서 그 무게와 압력 때문에 얼음으로 변하고 점차 빙하로 성장합니다. 빙하는 점점 커지면서 무거워지고, 빙하 바닥이 무게 때문에 녹으면서 지구 표면을 따라 미끄러집니다. 이제 빙하는 서서히 이동하기 시작합니다. 이렇게 지구 북반구의 반 이상을 덮어 버리는 빙하기가 시작되는 것입니다.

　과거 지구에는 큰 빙하기가 네 차례 정도 있었습니다. 가장 최근의 큰 빙하기는 약 250만 년 전부터 시작해 약 1만 년 전에 끝났어요. 약 25억 년 전, 7억 년 전, 그리고 3억 년 전에도 큰 빙하기가 있었다고 알려져 있습니다. 약 3억 년 전의 빙하기는 대륙 이동의 흔적을 보여 주는 것으로 유명합니다. 남극 대륙은 물론이고, 당시에 남반구에 붙어 있던 아프리카와 남아메리카, 오스트레일리아와 인도가 모두 빙하로 덮였지요. 이 땅에는 그때의 흔적이 고스란히 남아 있습니다.

공룡 멸종의 비밀을 찾아서

지금은 사라졌지만 한때 지구를 지배했던 거대 동물 공룡!

공룡이 왜 사라졌는지 알아보러 멕시코 유카탄반도에 가 보자!

와~

그런데 왜 멕시코죠?

이 바다 아래에는 6500만 년 전, 폭이 10킬로미터에 달하는 운석이 지구와 충돌하면서 생긴 거대한 분화구가 있단다.

에이, 그걸 어떻게 믿어요?

북아메리카

대서양

걸프만

운석 구덩이

멕시코만

유카탄 반도

태평양

과학자들이 이 분화구 아래 1600미터까지 구멍을 뚫고 분화구 암석을 채취해서 연구하고 있어.

과학자들은 암석을 연구해
운석 충돌로 공룡이 멸종했다는
증거를 확보할 수 있다고
기대하고 있지.

운석이 충돌하면서 이 지역의
바닷속에 묻혀 있던 엄청난
유독 물질과 먼지가 공기 중으로
날아올라 지구 대기를
뒤덮었어.

그 바람에 햇빛이 땅에 닿지 않아
기온이 떨어져서 공룡을 포함한
지구 생물의 75%가 멸종되고 말았지.

추… 추워겠다…

운석만 안 떨어졌어도
공룡하고 같이 살 수
있었을 텐데!!

아니, 그랬다면
지금 인류가
나타나지
못했을 거야.

2장

지구는 어떻게
만들어졌을까?

5

지구의 나이는 몇 살?

여러분은 언제 태어났는지 알고 있나요? 공식적인 답을 얻기 위해서는 어떻게 해야 할까요? 내가 태어난 날짜는 동네 주민 센터의 문서에도 남아 있고, 학교의 생활 기록부에도 적혀 있지요. 그러면 우리가 살고 있는 지구는 언제 태어났는지 어떻게 알 수 있을까요?

과학자들은 지구는 약 46억 년 전에 태어났다고 대답해요. 공식적인 문서도 없는데 과학자들은 지구의 나이를 어떻게 알아냈을까요?

여러 사람이 모였을 때 형, 오빠, 누나, 언니 등등 호칭을 들으면 대충 누가 나이가 많고 적은지 알 수 있어요. 여러 사람들 사이에서 상대적으로 누가 나이가 많고 누가 적은지 결정하는 방법을 '상대 나이'라고 해요. 하지만 정확한 나이는 알 수 없지요. 정확한 나이를 알기 위해서는 태어난 날로부터 오늘까지 지나간 햇수를 세면 돼요. 이런 나이를 '절대 나이'라고 해요.

지구의 나이를 얘기할 때도 위와 같이 상대 나이와 절대 나이로 구분한답니다. 지구의 땅들은 오랜 시간 차례차례 만들어졌어요. 그러니까 순서가 있는 거지요. 땅이 차곡차곡 쌓여 만들어졌다면 아래 놓인 땅이 먼저 쌓인 거니까 더 오래된 것이지요. 또 먼저 있던 땅에 어떤 물질이 헤집고 들어왔다면, 나중에 들어온 것이 젊은 것입니다. 같은 지역이라고 해도 나이가 다른 땅이 있을 수 있고, 멀리 떨어진 지역인데도 같은 나이의 땅이 있을 수 있어요. 이런 식으로 상대적인 나이를 알아냅니다.

》 방사성 동위 원소로 《 지구의 나이를 알아내

그러면 지구의 정확한 절대 나이는 어떻게 알 수 있을까요? 물질 속에 있는 방사성 동위 원소를 이용합니다. 물질을 이루는 원소가운데에는 불안정해서 시간이 지나면서 스스로 붕괴하는 원소들이 있는데, 이런 원소를 '방사성 동위 원소'라고 해요. 시간이 지나면서 양이 줄어들기 때문에 일정한 비율로 줄어든 양을 계산해 처음 만들어진 시기를 알아내는 원리입니다. 지구의 암석을 대상으로 방사성 동위 원소를 이용해 찾아낸 가장 많은 나이는 약 43억 년 정도예요. 그런데 과학자들은 왜 지구의 나이를 46억 년이라고 이야기하는 걸까요?

왜냐하면 지구의 표면은 지구 탄생 이후 끊임없이 변화해 지금은 지구가 태어날 당시의 물질이 남아 있지 않기 때문이에요. 그만큼 차이가 나는 것이지요. 하지만 방법이 없는 것은 아니랍니다. 태양 주위를 도는 행성들은 거의 같은 시기에 만들어졌어요. 지구도 이런 행성들 중 하나이고요. 이 행성들 가운데 크게 자라지 못하고 파편 조각으로 남아 있는 소행성들이 있는데, 이것들이 가끔 지구로 떨어집니다. 이것이 바로 운석이지요. 운석들의 나이를 방사성 동위 원소를 이용해 구해 보면 대부분 46억 년입니다. 이것을 지구의 나이로 추정하는 것이지요.

지구에 떨어지는 운석들은 주로 태양 주위를 도는 화성과 목성 사이의 우주 공간에 행성으로 자라지 못한 파편이 늘어서 있는 소행성대에서 와요. 이 조각들 역시 태양 주위를 도는데, 때로는 서로 충돌해 궤도에서 벗어나는 일이 있어요. 궤도에서 튕겨 나온 조각들이 우주 공간을 떠돌다 지구에 접근하면, 지구가 잡아당겨 지구를 향해 떨어집니다. 아주 빠른 속도로 지구 대기권에 들어오

면 마찰열 때문에 조각들은 불에 타거나 녹기도 하고, 어떤 때는 잘게 부서지기도 해요. 그러면서 대부분 하늘에서 불꽃을 내며 사라져 버리지만, 큰 조각들은 부서지더라도 지구 표면까지 도달하기도 해요. 물론 엄청나게 큰 것은 지구 표면에 커다란 상처를 남기기도 하고요.

지구의 탄생 정보를 가진 운석이 스스로 지구로 찾아오는 건 정말 고마운 일입니다. 지구를 찾아와서는 46억 년 전 지구가 어떻게 만들어졌는지에 대한 흥미로운 얘기를 들려주니까요.

6

원시 지구에 마그마의 바다가 있었다고?

여러분이 갓 태어났을 때의 모습을 본 적이 있나요? 지금과 많이 다르게 생겼지요? 나이를 먹으면서 키도 부쩍 크고 몸무게도 제법 늘었으니까요. 그러면 지구는 갓 태어났을 때 어떤 모습이었을까요? 지금과 비슷했을까요, 많이 달랐을까요?

태양계가 만들어지던 무렵 태양 주위에서 여러 행성이 서서히 커지고 있었는데, 그 속에는 우리 지구도 있었어요. 여기에 재미있는 사실이 하나 있는데, 행성이 커지는 모습이 눈덩이가 커지는 모습과 닮았다는 것입니다. 여러분은 겨울에 눈밭에서 눈덩이를 굴려 눈사람을 만들어 본 경험이 있을 거예요. 눈덩이들은 서로 부딪쳐 깨지기도 하지만, 잘 굴리면 눈이 뭉쳐지면서 점점 커집니다. 이런 일들이 행성이 처음 만들어질 때도 비슷하게 일어난다고 생각하면 됩니다.

처음 태양계에는 태양 주위를 도는 먼지와 가스가 섞여 만들어진 '미행성'이 있었어요. 크기가 1킬로미터 정도 되는 이 미행성들은 떠다니던 주변의 다른 미행성들과 서로 충돌해 깨지기도 하고 뭉쳐지기도 하면서 서서히 커집니다. 이렇게 미행성들이 크기가 점차 커져서 지금의 행성으로 자란 것들을 '원시 행성'이라고 부르고, 지구는 '원시 지구'라고 불러요.

》 미행성이 충돌해 《 원시 지구가 점점 커져

원시 지구가 지금 크기의 행성으로 성장하는 데는 채 1억 년도 걸리지 않았을 것으로 생각해요. 하지만 이 1억 년이란 시간 동안 일어난 사건들은 원시 지구에 대기와 바다가 만들어지는 데 아주 중요한 역할을 하게 됩니다.

반지름이 지금의 절반 정도인 원시 지구에 평균적으로 일 년에 천 개 이상의 미행성이 충돌했으리라고 짐작됩니다. 이 충돌 과정에서 미행성들과 뭉치면서 원시 지구의 부피는 점점 커졌고, 부피가 커진 만큼 중력이 더 강해지면서 미행성을 잡아당기는 힘도 더 커졌을 겁니다.

미행성에는 어느 정도의 가스 성분이 포함되어 있었어요. 지구가 점점 커지고 미행성과의 충돌이 계속되면서 미행성과 원시 지구 속에 있던 가스 성분이 바깥으로 빠져나옵니다. 하루에도 몇 차례씩 가스가 빠져나오고, 빠져나온 가스는 지구 표면 위를 끊임없이 떠다녔어요. 시간이 지날수록 그 양은 점점 증가했지요. 결국 두껍고 진한 가스가 원시 지구의 대기를 덮어 버렸습니다. 마치 지금의 금성처럼 말이에요. 가스 성분 중에는 수증기와 이산화 탄소가 많았는데, 특히 수증기가 80퍼센트 이상이었습니다.

》 부글부글 끓는 《
원시 지구

원시 지구와 미행성의 충돌 때 수증기와 이산화 탄소가 방출되면서 원시 대기가 만들어졌을 뿐만 아니라 충돌에 의한 엄청난 에너지를 지구 표면에 쏟아 냈을 것으로 생각해요. 이 충돌 에너지는 뜨거운 열에너지로 바뀌어요. 원시 지구가 만들어질 때 생긴 에너지는 지구가 46억 년 동안 내부에서 만들어 낸 열에너지의 10배 이상이나 될 정도랍니다.

격렬한 미행성의 충돌로 에너지가 방출되면서 원시 지구의 표면이 뜨겁게 데워졌어요. 지구 표면, 즉 지표는 그 열을 우주 공간으로 내보내려고 하지만 수증기와 이산화 탄소로 된 두꺼운 원시 대기가 지표의 열이 우주로 빠져나가는 것을 방해해요. 따라서 지표가 열을 잃어버리지 못하게 되고, 그러는 동안 지표의 온도가 더 올라가면서 가스의 증발도 더 활발해집니다.

이렇게 원시 지구에서 대기를 이루는 가스의 양이 계속 증가하면서 지표의 온도는 더욱 올라갑니다. 그러다 결국 아주 높은 온도에 도달하게 되었지요. 이제 지표는 부글부글 끓는 마그마로 덮이게 됩니다. 상상해 볼까요? 바닷물이 아닌 시뻘건 물질이 지구의 표면을 덮고 있는 것을요. 이것을 '마그마의 바다'라고 부릅니다. 마치 지옥의 불구덩이 같은 무시무시한 모습이었겠지요. 하지만 이것도 잠시, 곧 아름다운 우리의 지구가 탄생할 것입니다.

7

원시 지구는 엄청난 수증기로 덮여 있었다고?

우리는 지구의 대기가 없으면 살 수 없다는 것을 잘 알고 있습니다. 그만큼 대기는 지구에서 살아가는 생물에게 소중하고 중요한 존재이지요. 그런데 원시 대기의 성분은 지금과 완전히 달랐어요. 지구가 탄생할 무렵 어떤 일이 있었을까요?

원시 지구의 대기를 80퍼센트 이상 차지하던 수증기는 언제부터 만들어졌을까요? 아마 원시 지구의 반지름이 지금 지구의 1/5 정도 크기였을 때부터 수증기 대기가 만들어졌다고 생각됩니다. 대기의 양은 시간이 지나면서 점점 증가했어요. 그러다가 원시 지구의 반지름이 지금 지구의 1/3 정도로 커지면서 지표의 온도가 점점 높아집니다. 지구가 지금의 절반 정도로 커지게 되었을 때 대기 중 수증기의 양은 최대에 이릅니다. 바로 이때 원시 지구의 표면이 녹으면서 지구가 마그마로 덮이게 된 것이지요.

원시 대기는 대부분 수증기였고, 그다음으로 이산화 탄소가 많았어요. 질소와 산소가 대부분인 지금 지구의 대기와는 성분이 전혀 달랐지요. 그럼 원시 대기 속에 있던 어마어마한 양의 수증기는 어디로 간 걸까요?

》 대기 속 수증기를 《
마그마가 흡수해

여기에는 조금 복잡한 비밀이 숨어 있어요. 수증기가 많은 원시 대기와 시뻘건 마그마로 덮인 지구의 표면 사이에는 묘한 관계가 있었어요. 대기 속에 수증기가 많으면 그 아래에 있는 마그마가 수증기를 빨아들여요. 그러면 대기는 얇아지고, 마그마의 바다는 온도가 내려가면서 표면이 굳어요. 그러다 미행성이 굳은 지표와 충돌하면 수증기를 포함한 가스가 지표와 미행성에서 빠져나와 다시 대기 속으로 들어가게 되지요. 그러면 다시 대기의 양이 늘

어나고, 온도가 높아지면서 살짝 굳었던 지표가 녹아 마그마의 바다로 되돌아갑니다. 그러니까 원시 대기 속의 수증기 양은 마그마의 바다와 시소 놀이를 하면서 늘었다 줄었다를 반복하게 됩니다.

시간이 지나면서 전체 대기의 양은 거의 증가하지 않게 됩니다. 원시 지구와 미행성의 충돌이 줄어들었기 때문이에요. 원시 지구와 충돌할 미행성들이 태양계에 거의 남아 있지 않았거든요. 이제 원시 대기 중의 수증기 양은 일정하게 유지됩니다. 대기의 양이 일정해지자 마그마의 바다, 즉 지표 온도도 거의 변하지 않게 되었어요.

원시 지구의 반지름이 지금의 지구에 가까워지면서 더 이상

지구는 어떻게 만들어졌을까?

크기가 커지지 않았습니다. 미행성과의 충돌도 눈에 띄게 줄어들어 충돌 에너지도 당연히 줄어들었겠지요. 그러면서 열에너지가 줄어들어 결국에는 지표 온도가 내려가면서 마그마의 바다도 점점 식어 조금씩 딱딱하게 굳게 됩니다.

》 수증기가 땅으로 내려가 《 바다를 만들다

원시 지구의 대기를 계산하는 모델을 사용해 알아보면, 원시 대기 속 수증기의 양은 1.9×10^{21} 킬로그램이며 기압은 지금보다 100배 높은 약 100기압이나 됩니다. 모델 계산에서 여러 가지 조건을 바꾸더라도 이 양은 별로 변하지 않아요. 지금 지구의 바닷물과 강물을 모두 합친 양은 1.5×10^{21} 킬로그램입니다. 원시 대기의 수증기 양과 현재 지구 표면의 물의 양이 거의 같다는 것은 무엇을 의미할까요? 바로 원시 지구의 대기 속 수증기가 땅으로 내려갔다는 것입니다.

8

바다는 지구에만 있다고?

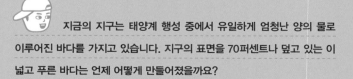

지금의 지구는 태양계 행성 중에서 유일하게 엄청난 양의 물로
이루어진 바다를 가지고 있습니다. 지구의 표면을 70퍼센트나 덮고 있는 이
넓고 푸른 바다는 언제 어떻게 만들어졌을까요?

46억 년 전 태양계가 만들어지던 시절로 돌아가 보면, 태양으로부터 그리 멀지 않은 위치에서 두꺼운 수증기 대기 속에 파묻혀 무럭무럭 자라던 원시 지구의 모습을 볼 수 있을 겁니다. 마치 엄마의 배 속에서 자라는 아기처럼 말이지요.

원시 지구의 성장이 거의 끝나갈 무렵 미행성의 충돌도 눈에 띄게 줄어들고 따라서 충돌에 의한 열에너지의 방출도 감소합니다. 그러면서 원시 대기와 지표는 서서히 냉각하기 시작했어요. 하지만 여전히 마그마의 바다가 아주 뜨거웠기 때문에 수백 킬로미터 상공에 머물던 두꺼운 수증기 구름은 쉽게 지표 가까이 내려올 수 없었습니다. 그 높이는 약 400킬로미터 정도로 생각해요. 상공에 위치한 수증기 구름과 지표 사이의 공간에는 뜨겁고 건조한 대기층이 있었을 겁니다.

》 지구에 최초의 《
비가 내려

그러다가 두꺼운 구름의 표면에 있는 수증기가 태양에서 오는 강한 자외선에 노출되어 점차 수소와 산소로 분해됩니다. 이런 현상을 '수증기의 광분해'라고 부릅니다. 분해된 수소는 가벼워서 쉽게 우주 공간으로 도망가 버려요. 만일 이런 상태가 오랜 기간 계속되었다면 수증기는 시간이 지나면서 완전히 분해되어 지구에 비가 내리는 일은 영원히 없었을 테지요.

그런데 이때 기적이 일어납니다. 광분해로 수증기가 모두 사라지기 전에 지구가 식기 시작한 것입니다. 지표가 식으면서 약 400킬로미터 상공에 위치하던 구름도 식어 무거워지고, 그러면서 점점 지표 가까이 내려오기 시작합니다. 서서히 내려오던 구름 아래쪽에서 갑자기 비구름이 생겨나고 소나기가 내리기 시작해요. 지구 최초의 비가 내린 것입니다. 그런데 그냥 비가 아니에요. 300도에 가까운 아주 뜨거운 비입니다. 신난다고 마냥 이 비를 맞으면 큰일 납니다.

지구에 비가 폭포처럼 쏟아지면서 지표 온도는 더욱 빠르게 낮아지고 대기의 온도 또한 낮아지면서 더 많은 비가 계속 내리게 됩니다. 정말 하늘에 구멍이 난 것이지요. 비가 비를 부르고, 매일

지구는 어떻게 만들어졌을까?

매일 끊임없이 빗줄기가 계속 퍼붓습니다. 약 1.9×10^{21}킬로그램이라는 어마어마한 양의 비가 퍼붓는 광경을 상상해 보세요. 엄청난 양의 물이 넘쳐흐릅니다. 지표에서 굳은 암석을 찢고 부수고 폭포가 되어 떨어지고 오로지 낮은 곳을 향하여 폭주했을 것입니다. 그러면서 순식간에 바다가 생깁니다. 얼마 동안 계속되었는지는 정확히 모르지만, 지구의 오랜 역사에 비추어 본다면 아주 짧은 시간에 일어났음이 틀림없습니다.

지구에 바다가 언제 생겼는지 정확히 알 수는 없지만, 적어도 38억 년 이전에는 지금과 비슷한 바다가 있었을 것으로 생각해요. 왜냐하면 그린란드에서 발견된 암석 중에 38억 년 전에 이미 자갈을 포함한 퇴적암이 있었으니까요.

지구에 최초로 내린 비는 대기 중의 염소 성분을 포함하는 강한 산성비였을 것으로 생각해요. 이 산성비는 지표의 암석을 녹이면서 바로 중화되었어요. 그러면서 암석 속에 있던 칼슘(Ca), 마그네슘(Mg), 나트륨(Na) 등의 양이온이 녹아 나와 바닷물 속으로 들어가게 되었어요. 탄생 당시의 바다는 150도 정도로 뜨거웠을 거예요.

» 태양이 지구에 «
얼굴을 드러내다

수증기가 비가 되어 바다를 만들고 나자 지구 대기의 주성분은 이산화 탄소였어요. 이산화 탄소가 계속 남아 있었다면 지구의 대기는 지금과 달랐겠지요. 그런데 걱정할 필요 없어요. 지구에는 바다가 있잖아요. 바다가 이산화 탄소를 흡수해 주었습니다. 대기 중의 이산화 탄소가 바다에 녹아 들어가면서 대기의 양은 점차 줄어들고, 지표 온도는 한층 내려갑니다. 그리고 하늘은 점차 맑아졌을 것입니다. 바다는 안정을 찾고 구름의 터진 틈으로 원시 태양이 얼굴을 내민 채 빛나고 있었을 것입니다.

태양계 세 번째 행성인 지구는 바다의 탄생이라는 최초의 기적을 이루었습니다. 대기 중 이산화 탄소가 더욱 감소하게 된 것은 대륙이 만들어졌기 때문이에요. 바다에 녹아 들어간 이산화 탄소는 석회암이라 부르는 탄산염 암석의 형태로 대륙에 퇴적되었어요. 그러면서 대기 중 이산화 탄소의 압력은 60기압에서 점차 10기압 정도로 내려가게 됩니다. 대륙이 성장하면서 이산화 탄소는 계속 감소하게 되고, 결국 원시 지구의 대기는 그 주성분을 질소로 하는 지금의 대기로 진화하게 되었답니다.

9

땅은 언제 만들어졌을까?

지구에 대기가 생기고 바다가 생기는 과정에서 지표를 덮고 있
던 마그마의 바다가 서서히 굳기 시작했다고 했습니다. 시간이 지나면서 점
점 더 딱딱하게 굳은 지표에 어떤 일이 생겼을까요?

지구의 표면이 마그마의 바다로 덮여 있었을 때 그 속에는 어떤 물질들이 섞여 있었을까요? 원시 지구와 미행성들이 충돌하면서 깨진 파편들과 마그마 속 광물들이 서로 섞여 있었겠지요. 그 물질들은 비중이 서로 다르기 때문에 액체 마그마 내에서의 움직임은 달랐을 겁니다. 즉 무거운 물질은 가라앉고, 가벼운 물질은 떠올랐지요. 이런 과정이 계속되면서 지구의 가장 안쪽에는 주로 무거운 금속 물질이, 지구의 바깥쪽에는 주로 가벼운 물질이 분포하게 되었어요. 그러면서 지금 우리가 잘 알고 있는 핵, 맨틀, 지각의 구조가 생기게 된 것이랍니다.

》 현무암과 물이 반응해 《 화강암 지각을 만들어

마그마의 바다가 식어 가면서 지구의 지표에는 딱딱한 암석질의 땅이 만들어집니다. 땅이 생기던 약 40억 년 전에는 여러 가지 사건들이 거의 동시에 일어났지요. 원시 대기가 생기고 원시 바다가 생기고 최초의 생명 역시 탄생하게 됩니다. 이렇게 생각하는 이유는 캐나다 북부의 아카스타 지역에서 발견된 40억 년 된 암석과 그린란드 이수아 지역의 38억 년 된 암석에 포함된 정보를 밝혀냈기 때문이에요.

지구 지표의 땅은 지구 가까이 있는 두 행성인 금성이나 화성과 아주 다릅니다. 그 차이를 만든 중요한 물질이 있는데요, 바로 물입니다. 지구 표면에 있는 물이 우리 지구를 지구답게 만들었다

지구는 어떻게 만들어졌을까?

고나 할까요.

마그마의 바다가 식으면서 지구 표면에는 마그마가 식어서 암석이 된 현무암 지각이 생깁니다. 그런데 이 현무암이 땅속 깊은 곳에 남아 있는 물과 반응하면서 현무암이 아니라 화강암 같은 암석을 만드는 마그마가 되지요. 그러니까 지구의 탄생 초기에 지표에서는 마그마의 바다로부터 현무암 지각이 만들어졌다가, 다시 이것들이 땅속에서 물과 반응하여 엄청난 양의 화강암을 만들게 되는 거예요. 어마어마한 양의 화강암이 지각을 이루게 되는데, 이것이 대륙 지각의 시작입니다. 다른 행성에는 이런 화강암 지각이 없습니다. 그러니까 화강암은 지구만의 특징인 셈이지요.

지구 표면이 아주 빠르게 식은 이유는 원시 바다가 많은 양의 이산화 탄소를 흡수해 버렸기 때문입니다. 대기 중의 이산화 탄소가 급격하게 줄어들면서 대기의 두께가 얇아지는 바람에 지구의 열이 우주 공간으로 쉽게 도망가 버렸거든요. 원시 바닷물의 양이 늘어나면서 대기 중의 이산화 탄소가 줄어드는 과정은 점점 빨라졌고, 그 덕분에 거의 섭씨 1,000도를 넘던 고온 상태의 지구 표면은 1,000년 정도 만에 갑자기 약 130도까지 내려갑니다. 이렇게 되면서 지각의 암석들은 더 단단해지게 되고, 나중에는 지표의 판판한 조각을 이루는 '플레이트', 즉 '판'이 되는 것입니다. 여기서부터 판 운동이 시작되는 거지요.

» 지구에서 가장 «
오래된 암석의 나이는?

지금까지 지구에서 가장 오래된 화강암으로 알려진 것은 40억 년된 아카스타 편마암입니다. 그린란드 이수아 지역에서는 38억 년 전에 지금 지구와 거의 같은 판 운동이 일어났던 것으로 생각됩니다. 거기에는 용암이 물속에서 흐르면서 만들어진 베개 모양의 용암인 '베개 용암'도 나타나는데, 이것은 당시에 이미 물이 존재했다는 직접적인 증거입니다.

지구상에 남아 있는 가장 오래된 화석은 오스트레일리아의 서쪽 필바라 지역에서 발견된 박테리아 화석으로, 35억 년 전 것이에요. 생물의 형태를 갖춘 화석의 기록으로 이것보다 오래된 것은 없어요. 대기, 바다, 땅 그리고 생명의 탄생은 아주 오래전 지구가 태어나고 막 걸음을 떼기 시작할 때 거의 동시적으로 일어났던 사건들이었습니다.

3장

지구는
살아 있다

10

대륙이 퍼즐처럼 맞춰진다고?

세계 지도를 펼쳐 놓고 대륙을 하나하나 가위로 오려 봅시다. 그리고 퍼즐을 맞추듯이 대륙끼리 서로 그림을 맞추면 어떻게 될까요? 과연 퍼즐처럼 대륙들이 서로 맞춰질까요? 만약 대륙이 맞춰진다면 지금은 왜 멀리 떨어져 있을까요?

요즘은 인공위성에서 찍은 지구의 모습을 쉽게 찾아볼 수 있어요. 엄청나게 큰 대륙을 한눈에 내려다볼 수 있다니 과학 기술의 발전은 놀랍기만 합니다. 지구의 모습이 담긴 위성사진 가운데 아프리카를 중심으로 찍은 사진과 남아메리카를 중심으로 찍은 사진을 함께 놓고 한번 살펴볼까요?

》 대륙이 움직인 《 증거를 찾다

두 사진을 잘 살펴보면, 아프리카의 서쪽 해안선과 남아메리카의 동쪽 해안선이 서로 들어맞을 것처럼 보여요. 우연의 일치일까요? 사실 정확한 세계 지도가 만들어지고 나서 사람들은 아프리카와 남아메리카의 해안선이 닮았다는 사실을 흥미로워했지요. 특히 17세기 초 영국의 철학자 베이컨도 대서양 양쪽, 즉 남아메리카의 동쪽과 아프리카의 서쪽 해안선이 비슷하다고 지적하면서 옛날에는 대륙들이 하나로 연결되어 있었을 거라고 이야기했어요. 하지만 두 대륙이 왜 지금처럼 떨어졌는지는 설명하지 못했지요.

19세기 말, 두 대륙의 해안선이 들어맞는다는 것에 대해 조금 다르게 생각한 사람들이 있었어요. 두 해안선이 닮은 것은 원래 붙어 있다가 갈라져서 그런 거라고요. 오스트리아의 지질학자 수에스는 오늘날 남쪽에 있는 대륙들이 과거에 하나의 커다란 대륙으로 존재했다고 주장했어요. 이런 기막힌 생각을 한 사람 중에 실제로 대륙이 이동했다는 증거를 찾아 나선 과학자가 있었는데,

그 사람이 바로 독일의 기상학자이자 지구 물리학자인 알프레트 베게너입니다. 베게너는 아프리카와 남아메리카뿐만 아니라 모든 대륙이 붙어 있다가 갈라져서 지금과 같은 세계 지도가 만들어졌다고 주장했어요. 그러니 갈라진 양쪽 대륙의 해안선이 같을 수밖에요. 베게너는 자신의 주장을 증명하기 위해 여러 가지 증거를 수집했어요.

첫 번째로 해안선이 겹쳐지는 대서양 양쪽의 남아메리카와 아프리카의 경우 약 3억 년 전 같은 시기에 만들어진 암석의 분포가 같다는 '지질의 증거'가 있어요. 두 대륙의 해안에서 발견된 암석들이 대륙의 안쪽에 있는 암석들보다 훨씬 닮아 있어요. 그렇다면 이 두 대륙은 과거에 하나로 붙어 있다가 나중에 서로 떨어진 것이 아닐까요? 대륙들이 붙어 있다가 떨어지게 되었다는 생각을 우리는 '대륙 표이설' 또는 '대륙 이동설'이라 부릅니다.

두 번째로 먼바다를 건널 수 없는 동식물의 화석이 대서양을 사이에 둔 두 대륙의 같은 시대 지층에서 발견되는 것입니다. 이런 증거를 '고생물의 증거'라고 해요. 이런 사실은 베게너 이전 사람들 역시 잘 알고 있었어요. 그런데 옛날 사람들은 대서양에 섬이 있었고, 그 섬 덕분에 동식물의 이동이 자유로웠다고 생각했어요. 나중에 섬은 가라앉아 버렸고, 그 장소에 대서양이 생겨났다고 생각한 것이지요. 이러한 생각을 '육교설'이라고 부릅니다.

그런데 우리가 잘 알고 있듯이 지구의 구조는 지구 바깥부터 지각, 맨틀, 핵의 순서로 되어 있어요. 지각이 가장 가볍고, 핵이

가장 무겁지요. 맨틀은 그 중간이고요. 그러니까 가벼운 지각이 무거운 맨틀 위에 떠 있는 것이지요. 이러한 사실은 19세기 중엽에 이미 밝혀졌고 베게너의 시대에는 누구나 아는 내용이었는데, 이런 설명을 '아이소스타시', 우리말로는 '지각 평형설'이라고 부릅니다. 지각 평형설을 중요하게 생각한 베게너는 가벼운 지각이 맨틀 아래로 가라앉을 수 없다고 생각했어요. 그러니 과거 대서양에 있던 섬이 그대로 가라앉고 그 장소에 바다가 생긴다는 것은 모순일 수밖에 없습니다.

이 두 가지 증거 외에도 옛날 기후에 대한 증거 역시 대륙 이동의 가능성을 지지해 주었어요. 지금 우리는 최근 1만 년 전까지 지구에 영향을 미쳤던 빙하기가 물러간 시대, 즉 간빙기에 살고 있어요. 빙하기는 과거에 여러 차례 있었어요. 그런데 빙하는 만들어진 장소에 그대로 머물러 있는 것이 아니라 앞으로 움직이기도 하고 뒤로 물러나기도 합니다. 이런 움직임이 반복되면서 빙하는 지구의 표면에 흔적을 많이 남겨 놓아요. 이런 흔적들을 찾아 해석하면, 언제 빙하기가 있었는지, 빙하가 어느 쪽으로 흘렀는지, 그리고 그 분포 면적이 어느 정도였는지를 알아낼 수 있습니다.

지금의 대륙에서 과거 2~3억 년 전에 있었던 빙하기의 흔적을 찾는 것은 그리 어려운 일이 아니에요. 그 시대에 남겨진 빙하의 흔적은 남아메리카, 아프리카, 인도, 오스트레일리아 등의 대륙에서 적도에 가까운 지역에 많이 남아 있어요. 그럼 당시 빙하가 적도 부근에 많이 발달했다고 하는 전혀 맞지 않는 얘기가 되지요. 그럼 이 문제를 어떻게 해결할까요?

》 대륙 이동설로 《
빙하의 흔적을 설명해

해답은 간단합니다. 베게너의 생각대로 모든 대륙을 하나의 대륙으로 모으면 이 빙하의 흔적을 가진 대륙들은 남극 대륙을 중심으로 모이게 됩니다. 그러면 빙하의 흔적으로부터 당시 빙하가 어떻게 분포되어 있었는지 제대로 찾아볼 수 있게 되는 것이지요.

11

처음에는 대륙 이동설이 인정받지 못 했다고?

대륙 이동처럼 과거의 자연 현상이 어떻게 일어났는지 추측하여 설명은 하지만, 완전히 검증되지 않아 조사와 실험이 더 필요한 경우를 '가설'이라고 부릅니다. 베게너는 여러 가지 증거를 토대로 '대륙이 이동한다'는 가설을 세웠어요. 그런데 대륙이 이동했다는 설명에 대해 다른 사람들은 어떻게 생각했을까요?

대류 이동에 대한 가설은 1912년 알프레트 베게너가 〈대륙의 기원〉이라는 논문을 통해 처음 밝힌 것입니다. 베게너는 재주가 많은 사람이었고, 여러 분야에서 활동했어요. 기상학자로 활동하던 베게너는 1906년, 형과 함께 세계 최초로 기구를 이용해 북극의 대기를 관측했어요. 베게너는 특히 빙하 전문가로, 세 차례나 그린란드를 탐험하기도 했어요. 대륙 이동의 증거를 모으고, 대륙 이동의 힘에 대한 문제를 풀기 위해 베게너는 여러 나라 여러 장소에서 빙하의 흔적에 대한 조사를 해 나갔어요. 그리고 1912년에 이를 바탕으로 대륙 이동에 대한 논문을 발표한 것이지요.

》 초대륙이 진짜 《 존재했다고?

베게너는 대륙이 이동하기 전에 모든 대륙이 모여 있던 하나의 커다란 초대륙이 있었다고 생각했어요. 이 초대륙을 '판게아'라고 불렀지요. 판게아의 '판(pan)'은 모든 것이란 뜻이며, '게아(gaea)'는 그리스 신화 속 대지의 여신인 가이아, 즉 땅을 의미해요.

초대륙 판게아는 지금으로부터 약 2억 년 전에 분리되기 시작해 지금과 같은 대륙의 모습으로 발달해 왔다고 여겨요. 이 대륙 이동에 대한 가설이 20세기 지구 과학에 아주 커다란 논란과 변화를 가져왔지만 반대도 만만치 않았어요. 베게너의 가설이 발표될 당시만 하더라도 대륙 이동에 대한 증거는 그리 많지 않았거든요. 지금 우리가 알고 있는 증거들은 지금까지 얻어진 많은 정

지구는 살아 있다

보를 기초로 하여 제시된 것이지만, 대륙 이동의 주요 내용은 베게너의 가설과 커다란 차이는 없어요. 100년도 더 전에 몇 가지 증거로 이렇게 훌륭한 가설을 세운 베게너는 참 대단하지요?

반대파의 공격은 주로 대륙 이동의 힘에 대한 문제였어요. 거대한 대륙을 움직일 수 있는 엄청난 힘에 대해 설명하라는 것이었지요. 대륙은 쉽게 움직일 수 있는 것이 아니니까요. 대륙 이동설의 최대 약점이었던 이 문제에 대해 베게너도 깊이 고민했어요.

지구는 완전한 원 모양이 아니라 적도 쪽이 조금 더 볼록한 모양이에요. 베게너는 지구의 이런 모양이 지구가 자전할 때 극

쪽에 있던 땅이 적도 쪽으로 움직여 왔기 때문이라고 설명했어요. 하지만 다른 과학자들은 대륙은 바다 위에 그냥 떠 있는 것은 아니며, 만일 그렇더라도 마찰이 심해 움직일 수 없다고 반박했어요. 그러면서 대륙 이동설은 최대의 위기를 맞이하게 됩니다.

대륙 이동의 증거와 대륙 이동의 힘을 알아내기 위해 애쓰던 베게너는 세 번째로 그린란드 탐험을 떠났어요. 그런데 1930년 11월 1일 월동 캠프를 출발한 베게너로부터 소식이 끊어졌습니다. 그날은 만 50세를 맞이하는 베게너의 생일이기도 했어요. 그렇게 지구는 또 한 사람의 위대한 과학자에게 영원의 안식을 베풀었어요. 베게너의 시신은 다음 해 5월, 얼음 아래에서 발견되었어요. 삶과 죽음의 경계에서 베게너는 이렇게 외쳤을지도 몰라요.

"그래도 대륙은 이동한다!"

》 대륙 이동설이 《 부활하다

베게너의 죽음과 더불어 20세기 초반 최대의 지구 과학 논쟁은 끝이 나고 말았답니다. 대륙은 움직이지 않는다는 생각을 극복하고 새로운 증거를 찾는 데 조금 더 시간이 필요했던 것이지요. 대륙을 이동시키는 힘의 원동력을 찾기까지 대륙 이동설은 잠시 사람들의 머릿속에서 떠나 있어야 했어요. 하지만 그 시간도 잠시 1960년대에 이르러 대륙 이동설은 극적으로 부활하게 됩니다.

12

대륙을 이동시키는 힘은 어디에서 올까?

19세기 말까지 과학자들은 지구가 아주 뜨거운 상태에서 서서히 식어 지금의 상태가 되었다고 믿었어요. 당시 존경받던 영국의 화학자 켈빈은 지구의 냉각 속도를 이용하여 지각이 2,000만 년 전에 굳은 것이라고 계산했지요. 그런데 이 계산은 지구가 계속 식기만 했다는 가정이 필요합니다. 정말 지구는 탄생에서 지금까지 계속 식기만 했을까요?

1896년 프랑스 물리학자 베크렐은 우라늄에서 에너지를 가진 광선 즉 방사선이 방출된다는 사실을 관찰하면서 '방사능'을 발견합니다. 폴란드 출신 물리학자 퀴리는 라듐에서도 방사능을 발견했고요. 방사능은 불안정한 원자의 원자핵이 깨지면서 여러 가지 입자와 에너지를 방출하는 현상으로, 이런 특징을 가진 원소를 방사성 동위 원소라고 불러요. 영국의 물리학자인 러더퍼드는 이러한 방사능의 원리를 이용하면 지구 물질의 나이를 측정할 수 있다고 했지요.

》 방사능 붕괴로 《
지구를 데워

방사능이란 현상이 발견되면서 지구를 보는 눈이 달라졌습니다. 첫 번째로 지구 물질의 나이를 정확하게 구할 수 있게 되었어요. 켈빈이 처음 과학적으로 계산했던 나이인 2,000만 년에서 9,000만 년, 4억 년, 16억 년, 30억 년… 지구의 나이는 최종적으로 46억 년으로 밝혀졌습니다.

두 번째로 원자가 분열되는 과정에서 나오는 에너지가 열에너지로 바뀐다는 것입니다. 지구 내부의 물질 중에는 방사성 동위 원소를 가진 것들이 있고, 방사성 동위 원소는 계속 분열하면서 에너지를 내놓습니다. 이 과정을 방사능 붕괴라고 부르지요. 이때 생성되는 에너지가 열로 바뀌어 지구 내부를 데우는 사실도 밝혀졌습니다. 그러니까 지구는 계속 식기만 한 것은 아니지요.

그런데 방사성 동위 원소에서 나오는 막대한 에너지에 관심을 가진 사람이 있었어요. 영국의 지구 물리학자 아서 홈스였습니다. 홈스는 지구 내부의 불안정한 원소들이 분열할 때 생기는 엄청난 열이 대륙을 움직이게 하는 충분히 강력한 엔진이라고 믿었습니다. 지각 아래의 맨틀은 고체이지만 수백만 년의 시간이라면 마치 두꺼운 액체처럼 움직일 것이라고 생각한 거지요. 홈스는 열의 순환은 지구가 열을 소비하는 수단으로, 지표 가까이 있던 차가운 물질이 가라앉으면 더 뜨겁고 가벼운 물질들이 올라와 그 빈자리를 채우는 것이라고 주장했습니다.

홈스는 1928년 영국 글래스고 지질학회에서 대류 순환이 바

로 대륙 이동의 원인이라고 제시했습니다. 지각 운동의 추진력을 맨틀 내에서 일어나는 열대류 운동으로 설명했습니다. 맨틀에는 대류 운동이 일어나는데, 대류가 올라오는 쪽에서는 대륙이 분리되고, 내려가는 쪽에서는 대륙 아래로 지각이 침강하게 됩니다. 홈스는 이런 상승류와 하강류 사이의 흐름을 따라 대륙은 이동할 수 있다고 주장한 것이지요.

》 홈스의 맨틀 대류설 《
증거가 나오다

홈스의 맨틀 대류에 대한 생각이 지금 우리가 알고 있는 맨틀 대류의 모습과 완전히 같지는 않습니다. 비록 홈스 자신도 맨틀의 대류 작용에 대한 보다 과학적인 증거가 필요하다고 말했지만, 그 생각 자체는 가히 천재적인 것이라고 할 수 있어요. 홈스의 생각은 당시 논란이 된 대륙 이동설에 커다란 영향을 미치지는 못했어요. 그러다가 1960년대 과학 기술이 발전해 깊은 해저 탐사가 가능해지면서 지구에 대한 새로운 사실들이 속속 발견되기 시작했어요. 그러면서 홈스의 맨틀 대류설에 대한 증거가 등장하게 되었고, 베게너의 대륙 이동설 부활에 최고의 도우미 역할을 하게 됩니다.

13

고체인 맨틀이 대류한다고?

대륙을 움직이게 만드는 힘은 맨틀의 대류 때문이라는 것이 밝혀졌습니다. 그런데 고체인 맨틀은 어떻게 대류할 수 있을까요? 만약 맨틀이 대류한다면 어떤 모습일까요?

맨틀이 대류한다고 했을 때 가장 처음 드는 의문은 '고체인 맨틀이 어떻게 대류를 하느냐'입니다. 대류는 흐르는 액체나 기체, 즉 유체에서 흔히 일어나는 운동이기 때문이지요. 이 문제를 이해하려면 먼저 시간에 대한 새로운 인식이 필요해요. 예를 들어 봅시다. 왁스라는 물질이 있어요. 깡통에 들어 있는 왁스는 단단하지요. 깡통 뚜껑을 뜯고 왁스 위에 무거운 납덩어리를 올려놓으면 짧은 시간 동안에는 아무런 변화가 생기지 않아요. 납은 그대로 왁스 위에 있습니다. 시간이 오래 지난 뒤 다시 관찰해 보면, 납은 왁스 내부로 서서히 가라앉고 있다는 것을 알 수 있습니다. 왁스와 마찬가지로 맨틀도 짧은 시간 동안에는 아무런 변화가 일어나지 않아요. 하지만 수천만 년, 수억 년의 시간에 걸쳐 서서히 움직이는 것입니다.

》 지각 아래 온도의 차이가 《 맨틀 대류의 원인

다음으로 맨틀이 왜 대류를 하는지를 알아볼까요? 이 문제를 이해하기 위해서는 지구 내부의 온도 변화를 살펴보아야 합니다. 땅속으로 내려갈수록 온도는 올라가요. 그런데 대류 지각과 해양 지각 아래의 맨틀에서 온도가 다르답니다. 같은 깊이라도 해양 지각 아래에서는 온도가 높고 대류 지각 아래에서는 온도가 낮습니다. 그 이유는 지각과 더 높은 온도의 맨틀이 만나는 깊이의 차이 때문이에요. 대류 지각은 두꺼워서 한참 아래에서 맨틀과 만나고,

해양 지각은 얇기 때문에 대륙 지각보다 얕은 곳에서 뜨거운 맨틀과 만나게 됩니다. 대류는 기본적으로 온도 차이에 의한 '열대류'이기 때문에 대륙 지각과 해양 지각 아래의 온도 차이가 대류를 일으키는 원인이 되는 거예요.

이번에는 맨틀이 어떤 모습으로 대류하는지 알아봅시다. 맨틀 대류의 모습은 열대류를 하는 액체의 모습 그대로입니다. 먼저 비커에 물을 넣고 알코올램프로 데워 봅시다. 비커 아래쪽의 물이

먼저 가열되지요. 가열된 물은 가벼워져 비커 위로 상승합니다. 물이 상승한 자리에는 빈 공간이 생기고 위에 있던 차가운 물이 내려와 그 자리를 메우게 됩니다. 이렇게 온도의 차이에 따른 상승의 흐름(상승류)과 하강의 흐름(하강류)이 생기는 현상을 열대류라고 부르는 것이지요. 그러니까 맨틀 내부에 생긴 온도 차이는 열대류를 일으키는 기본 조건이 됩니다.

상승류는 해령에서 나타나고, 하강류는 해구에서 나타납니다. 해령은 4,000~6,000미터 깊이의 바다 밑에 좁은 산맥처럼 솟은 지형이고, 해구는 깊은 바다 아래 6,000미터 이상 되는 좁고 긴 도랑 모양의 움푹 들어간 지형을 말해요. 해령으로 상승한 흐름은 해구를 향해 수평으로 흐르면서 식어 갑니다. 이렇게 차가워진 맨틀은 해구에서 아래로 내려가고, 완전히 하강한 흐름은 해령을 향해 수평 이동하면서 다시 데워집니다. 데워진 맨틀이 해령에 이르러 다시 상승함으로써 하나의 순환이 완성되는 것이지요. 맨틀 대류의 순환 주기는 약 1억 년에서 2억 년 정도로 알려져 있습니다.

이런 맨틀의 대류가 대륙을 모으기도 하고, 또 갈라지게도 만듭니다. 그러는 사이에 화산이 생기고, 지진이 발생하고, 또 산맥이 만들어지지요. 즉 이 대류의 흐름을 타고 해양 지각이 확장되어 가는 것이기도 하고, 대륙이 이동하는 것입니다.

» 열에너지를 《
운동 에너지로!

사실 맨틀에 대류 운동이 생기는 또 다른 이유가 있습니다. 지구는 과거 46억 년 동안 그 내부에서 막대한 양의 에너지를 생산해왔습니다. 지구 내부에는 방사성 동위 원소들이 붕괴되면서 만들어 내는 열에너지가 축적되어 있는 거지요. 이런 지구의 내부 에너지가 어느 정도 소비되지 못하면 지구 내부는 상당 부분 녹아버릴 것입니다. 그런데 지구 내부에 녹은 부분이 외핵뿐이라는 것은 지구가 46억 년 동안 적절히 내부 에너지를 소비시켜 왔다는 증거가 됩니다.

지구가 내부의 에너지를 소비시키는 방법은 무엇이었을까요? 쉽게 생각할 수 있는 것은 화산 폭발 때 뜨거운 열을 지표로 내보내는 것이겠지요. 그러나 그 정도로는 지구 내부에서 만들어진 에너지를 충분히 소비시킬 수 없어요. 가장 좋은 방법은 내부의 열에너지를 다른 형태의 에너지로 바꿔 소비하는 것입니다. 즉 맨틀이 대류를 하면서 지구 내부의 열에너지를 운동 에너지로 바꾸어 많이 소비해 온 것입니다.

14

지구 껍질이 여러 개의 판으로 되어 있다고?

지구를 바깥에서부터 한 겹 한 겹 벗겨 보면 지구 안쪽에서는 어떤 모습이 나타날까요? 지구의 안쪽은 모습이 다 같을까요, 아니면 다 다를까요? 그리고 지구의 가장 바깥 껍질은 왜 여러 조각으로 나뉘어 있는 걸까요?

지구의 껍질을 하나씩 벗겨 보면 무엇이 나타날까요? 지구의 내부는 바깥에서 안쪽으로 차례대로 지각, 맨틀, 핵으로 이루어져 있어요. 맨틀은 다시 상부 맨틀과 하부 맨틀로 나뉘고, 핵은 외핵과 내핵으로 나뉩니다. 이렇게 표면에서 중심부까지 겹겹이 쌓여 층을 이루는 구조라 하여 성층 구조라고 합니다. 층들은 각각 이루고 있는 암석과 밀도가 달라 특징이 뚜렷해요. 그리고 각 층의 경계에서 다양한 현상이 나타납니다.

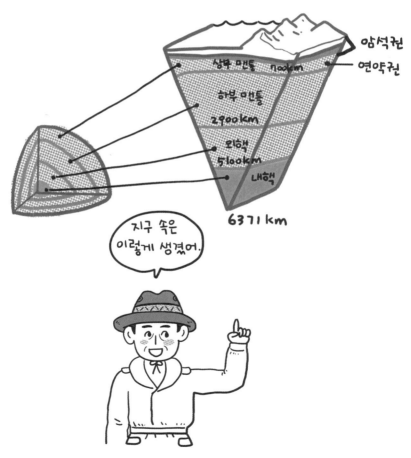

지구 속은 이렇게 생겼어.

지각과 상부 맨틀을 합쳐 윗부분은 암석권, 아랫부분은 연약권으로 나누기도 해요. 암석권이란 지각과 그 바로 밑의 상부 맨틀을 포함하는 100킬로미터 깊이 정도를 일컬어요. 암석권 아래 연약권은 일부 암석이 녹아 있는 지역입니다. 그러니까 조금은 무른 상태로 되어 있어요. 암석권과 연약권을 알아야 하는 이유는 연약권 위에 놓인 암석권이 움직이기 때문인데요, 움직이는 암석권을 '판'이라고 부른답니다. 맞아요, 판 구조론의 그 판이에요.

» 판이 맞부딪치는 경계에서 《 지진과 화산이 일어나

'판(plate)'이란 그 표면적에 비해 두께가 얇다는 의미에서 유래되었어요. 말 그대로 널빤지인 것이지요. 판을 자르고 이리저리 맞추는 것을 구조론(tectonics)이라고 합니다. 구조론은 목수를 의미하는 그리스어 'tekton(텍톤)'에서 따왔어요. 목수(지구)가 널빤지(판)로 집을 짓는 작업(구조론)을 '판 구조론'이라 부르는 것입니다.

지구의 바깥 껍질은 적게는 열 개 이내, 많게는 수십 개 이상의 판으로 되어 있어요. 그리고 이 판들의 상대적인 운동에 의해 지구에 지진이나 화산 같은 여러 현상이 일어나는 것입니다. 판의 운동은 지각 변동과 같은 지구의 현상과 밀접하게 관련되어 있음을 설명하는 이론이 판 구조론이며, 지각 변동을 일으키는 능동적인 과정을 의미합니다.

그런데 지구 껍질이 여러 개의 판으로 이루어졌다고 하는 것을 어떻게 알아냈을까요? 해답은 결코 어려운 데 있지 않아요. 판과 판이 맞부딪치는 경계에서는 충돌과 마찰이 일어나고, 그 때문에 지진과 화산 같은 현상이 많이 일어나게 됩니다. 이런 판의 경계와 달리 판의 안쪽은 비교적 안정하답니다. 따라서 과거 수십년간 지구 표면에서 일어난 지진과 화산의 분포를 지도에 나타내면 판의 윤곽이 드러나게 되는 것이지요. 세계 지도 위에 그려지는 판의 윤곽은 이렇게 얻어진 것이랍니다.

》 두꺼운 대륙 지각 《
얇은 해양 지각

앞에서 알아본 것처럼 판의 윗부분은 지각입니다. 지각은 대륙 지각과 해양 지각으로 나뉘어요. 대륙 지각은 해양 지각에 비해 평균 예닐곱 배가량 두껍지만, 해양 지각보다 가벼운 물질로 되어 있어요. 대륙 지각의 두께는 평균 35킬로미터 정도이지만, 두꺼운 곳(안데스산맥이나 티베트고원)에서는 무려 70~80킬로미터에 이르기도 합니다. 하나의 판에서 대륙 지각의 분포가 더 넓으면 대륙판, 해양 지각이 더 넓으면 해양판으로 구별하지요.

지구는 스스로 목수가 되어 지구의 껍질을 자르고 이리저리 맞추고 기둥을 세우고 못을 박습니다. 지구의 집은 여러 개의 방으로 되어 있지요. 방마다 문패가 붙어 있습니다. 유라시아, 태평양, 아프리카, 나즈카… 세월이 흘러 집이 허름해지면 다시 짓습니다. 그렇게 지구는 46억 년을 한자리에서 살아오고 있답니다.

15

판이 멀어지기도 하고 가까워지기도 한다고?

판들이 움직이면서 지각에 지진이나 화산 같은 여러 가지 변동을 가져옵니다. 그렇다면 판은 어떤 형태로 움직일까요? 그리고 판과 판이 만나는 곳에서는 어떤 일이 생길까요?

지금 지구를 덮고 있는 활동하는 판의 경계를 살펴보면, 판들은 세 가지 형태로 움직인다는 것을 알 수 있어요. 서로 멀어지거나, 가까워지거나, 또는 비스듬히 어긋나거나 해요. 판과 판이 서로 멀어지는 경계를 '확장 경계', 서로 가까워지는 경계를 '수렴 경계', 서로 비스듬히 어긋나는 경계를 '유지 경계'라고 부릅니다. 수렴 경계는 두 판이 서로 충돌하는 '충돌 경계'와 하나의 판이 다른 판 아래로 침강하는 '침강 경계' 두 가지로 다시 구분합니다.

확장 경계는 주로 바닷속에 있지만, 가끔 대륙 내에서 발견되기도 합니다. 바닷속에 있는 확장 경계를 우리는 '해령'이라고 부르는데, 이 해령에서 해양의 지각이 만들어지고 있지요. 해령은

거대한 해저 산맥으로 나타납니다. 육지의 산맥은 그 규모에 있어서 해저 산맥과 비교되지 못해요. 해령은 전 지구의 바닷속에서 이어져 있기 때문에 한마디로 어마어마합니다. 총 연장이 무려 6만 킬로미터에 이르고 폭도 2천 킬로미터 정도입니다. 이것을 면적으로 계산하면 지구 전체 면적의 25퍼센트에 해당해요.

》 대륙에 있는 확장 경계 《
동아프리카 열곡대

해령의 정상부에는 움푹 팬 형태의 지형이 나타나는데, 이것을 열곡이라 부르고, 열곡이 길게 이어져 형성된 띠를 열곡대라고 합니다. 대륙 내에 분포하는 확장 경계의 가장 대표적인 예는 동아프리카 열곡대입니다. 동아프리카 열곡대는 동서로 확장되고 있고, 그 중심에는 많은 호수가 만들어져 있지요. 이렇게 열곡대가 확장되면 아주 오랜 시간이 흐른 뒤 아프리카 대륙의 동쪽에서 떨어져 나가 아프리카는 두 조각으로 분리될 것입니다.

　판들이 비스듬히 어긋나는 육지 경계는 주로 해령의 축과 축 사이에 나타납니다. 즉 해령의 축을 비스듬하게 잘라내는 운동을 하고 있지요. 축과 축 사이에 생긴 끊어진 지형을 '변환 단층'이라고 부릅니다. 변환 단층은 대부분 해령의 주변인 바닷속에 발달해 있습니다. 드물게 육지에 나타난 것도 있는데, 미국 캘리포니아주의 산안드레아스 단층이 대표적입니다. 이 단층 근처에 있는 샌프란시스코나 로스앤젤레스에서 지진이 종종 일어납니다.

》 침강 경계에서는 《
지진이나 화산이 생겨

판들이 서로 가까워지는 수렴 경계 가운데 충돌 경계는 대륙판과 대륙판의 경계에서 나타납니다. 두 대륙판이 충돌할 경우 판의 상부에 놓인 지각들은 서로 충돌하여 솟아오르게 되는데, 이때 거대한 육지의 산맥이 만들어지는 것이지요. 유명한 히말라야산맥은 인도판과 유라시아판이 충돌하여 생긴 것입니다. 히말라야산맥의 높은 지대에서 가끔 해양 생물의 화석이 발견되기도 합니다. 이런 화석은 아주 오래전 두 판 사이에 있던 해양 지각이 충돌로 솟아올라 땅 위로 올라오게 된 결과입니다.

수렴 경계 중 침강 경계는 해양판과 대륙판 혹은 해양판과 해양판 사이의 경계에서 잘 나타납니다. 해양판이 대륙판이나 다른 해양판 아래로 들어가는 거예요. 이 침강 경계에서는 지구의 대규모 산맥을 만들어 내는 조산 운동의 상당 부분이 일어나고 있어요. 태평양을 둘러싸고 있는 환태평양 조산대는 이렇게 만들어진 것이랍니다.

태평양판이 유라시아판 아래로 침강하는 경계와 태평양판이 필리핀판 아래로 침강하는 경계가 일본 동쪽과 남쪽에 위치합니다. 일본에 지진과 화산 활동이 많이 일어나는 이유가 바로 여기 있지요. 침강 경계의 지형적인 특징은 경계부에 깊은 골짜기를 만드는데 그것은 바로 '해구'입니다. 세계에서 제일 깊은 마리아나 해구는 태평양판과 필리핀판의 경계에 나타난 지형이랍니다.

16

하와이가 움직이고 있다고?

최근에도 하와이의 화산에서 용암이 계속 분출하고 있다는 뉴스가 나옵니다. 그런데 뉴스를 잘 들어 보면 화산의 위치가 예전과 달라졌다고 합니다. 도대체 화산이 어떻게 움직였다는 걸까요?

하와이는 세계적으로 유명한 관광지입니다. 우리나라 사람들도 많이 여행하는 곳이기도 하고요. 그런데 하와이라고 하면 하나의 섬만 가리키는 것이 아니에요. 태평양 한가운데 여러 개의 섬이 모여 있는 하와이 열도를 가리키지요. 하와이 열도에는 니하우, 카우아이, 오아후, 몰로카이, 라나이, 마우이, 카호올라웨, 하와이까지 8개의 큰 섬과 100개가 넘는 작은 섬들이 늘어서 있답니다.

우리가 알고 있는 하와이는 8개의 섬 가운데 가장 남동쪽에 있는 섬으로, 태어난 지 얼마 되지 않은 화산섬입니다. 고작해야 50만 년이 채 되지 않았는데, 지구의 시간으로 보면 어린 화산이지만 인간의 시간으로는 오래전에 만들어진 섬이지요. 그런데 하와이에는 특이한 점이 하나 있는데, 그것은 바로 지금 장소에 계속 머물러 있지 않는다는 거예요. 또 언젠가는 물밑으로 숨어 버려 가고 싶어도 갈 수 없는 곳이 될 운명을 가지고 태어났지요. 왜냐하면 하와이는 움직이는 섬이기 때문입니다.

움직이는 섬 하와이에 대한 수수께끼는 지각 운동을 바라보는 시각을 완전히 바꾸어 놓았습니다. 이 수수께끼를 풀기 전까지 사람들은 지구 표면의 운동은 어디까지나 상대적인 것이라고 생각했어요. 지구 표면에서 판의 운동은 서로 멀어지거나, 가까워지거나 아니면 비스듬히 어긋나는 상대적인 운동이기 때문이에요.

판은 쉼 없이 움직입니다. 비록 그 움직임이 1년에 수 센티미터에 불과하더라도 말이지요. 그러니 지구 표면에는 움직이지 않는 고정된 점이 없어요. 지구상의 어떤 점을 선택하더라도 판이

움직이면 그 점도 움직이는 것이지요.

과학자들에게 지구에 고정된 점이 없는 것은 커다란 부담이었습니다. 판의 이동 방향과 속도를 정확히 계산해 내기 어려웠기 때문이에요. 고정된 점으로부터 계산되는 판의 운동을 판의 절대 운동이라 합니다. 이 문제의 실마리는 캐나다의 지질학자 윌슨의 머릿속에서 나왔습니다.

하와이 열도를 자세히 들여다보면 남동쪽 끝의 하와이에서

지구는 살아 있다

서북쪽으로 이어지는 몇 개의 섬으로 되어 있어요. 바다 위에 드러난 섬은 몇 개 되지 않지만, 더 많은 섬이 서북쪽의 연장부에 늘어서 있습니다. 물밑에 숨어 있는 것이지요. 물밑에 숨어 있는 산을 '해산'이라고 부릅니다. 하와이 열도에서 서북쪽으로 늘어서 있는 해산들은 위도 30도 부근에서 그 배열의 방향이 북서쪽으로 바뀝니다. 그리고 그 해산들은 알류샨 열도 가까이까지 연결됩니다. 이 섬들은 모두 화산으로 형성된 것들이지요.

》계속된 화산 활동으로 섬들은 《 지금도 만들어지고 있어

하와이섬에서 북위 30도까지 연결되는 화산섬과 해산의 배열을 총칭하여 '하와이 열도'라고 부르고, 북위 30도에서 알류샨 열도에 이르는 해산의 배열을 '엠퍼러 해산군'이라고 합니다. 또 흥미로운 사실은 하와이 열도의 화산섬이나 해산 그리고 엠퍼러 해산군에 있는 해산들의 나이가 하와이로부터 멀어질수록 오래되었다는 점입니다. 가장 젊은 섬이 바로 하와이섬이지요. 하와이섬에서는 최근에도 킬라우에아 화산의 활동이 계속되고 있어, 지금도 계속 만들어지고 있습니다.

화산섬과 해산의 배열 그리고 이들의 나이는 무엇을 의미하는 것일까요? 윌슨은 이 화산들을 만든 마그마는 판을 움직이는 맨틀보다 훨씬 더 깊은 장소에서 올라온다고 설명했습니다. 다시 말해 하와이 아래쪽, 맨틀 깊숙한 곳에 마그마의 뿌리가 존재하고

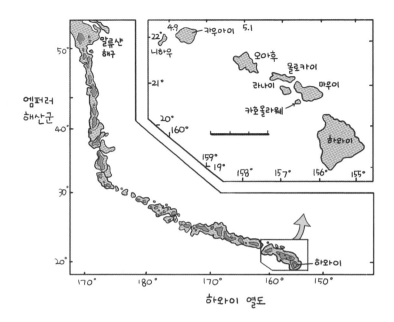

하와이 열도

이 뿌리에서 계속 마그마가 상승해 화산 활동이 일어나면 태평양 판 위에 화산섬이 만들어지는 것이지요. 그런데 맨틀 위에 있는 태평양판은 계속 이동하기 때문에 판 위에 만들어진 화산섬도 계속 움직이는 것이고요.

》 하와이섬이 바로 《 열점이야

그러니까 하와이 아래에서 올라오는 마그마는 해저의 해령에서 올라오는 마그마와는 성질이 전혀 다릅니다. 하와이섬을 만드는 마그마는 맨틀의 아주 깊은 곳에서 올라오고, 마그마가 분출하는 것도 판의 운동과는 전혀 무관한 화산 활동입니다. 이것이야말로

지구는 살아 있다

지구의 고정된, 그것도 무척 뜨거운 점인 것입니다. 우리는 이 점을 '열점(hot spot)'이라고 불러요.

하와이섬이 바로 열점입니다. 이 열점에서 만들어진 화산들이 서북쪽으로 하와이 열도를, 그 북서쪽으로 엠퍼러 해산군을 이루게 된 것이지요. 배열의 방향이 바뀌는 북위 30도 부근의 해산의 나이는 약 4,000만 년, 알류샨 열도 가까운 곳의 해산의 나이는 7,000만 년입니다. 하와이에서 북위 30도의 해산까지, 그리고 그곳에서 알류샨 열도 부근의 해산까지의 거리는 측정할 수 있습니다. 거리와 시간을 알기 때문에 우리는 태평양판의 절대 운동의 속도를 구할 수 있어요. 태평양판은 대략 1년에 10센티미터 정도 움직였다고 생각됩니다. 그렇다면 과거 7,000만 년 동안 어떻게 움직인 것일까요? 처음의 3,000만 년 동안은 북서쪽으로 움직였고 4,000만 년 전부터 지금까지는 서북쪽으로 움직이고 있는 것입니다.

열점은 지구상에 하와이뿐일까요? 하와이 이외에도 여러 군데 열점이 존재하고 있어요. 대서양 북쪽에 있는 아이슬란드와 대서양 중앙의 아조레스가 열점이에요. 동태평양의 갈라파고스 역시 열점이랍니다.

17

대서양이
태평양보다
커진다고
?

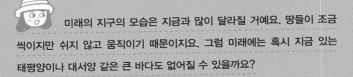

미래의 지구의 모습은 지금과 많이 달라질 거예요. 땅들이 조금씩이지만 쉬지 않고 움직이기 때문이지요. 그럼 미래에는 혹시 지금 있는 태평양이나 대서양 같은 큰 바다도 없어질 수 있을까요?

지구의 땅들은 아주 오랜 시간에 걸쳐 서로 붙었다 떨어졌다를 반복해 왔습니다. 아시아의 넓은 땅 중국이 지금의 크기가 된 것은 약 2억 3천만 년 전이었어요. 그때 중국의 남쪽과 북쪽 땅이 서로 붙었지요. 임진강을 경계로 한반도의 남쪽과 북쪽 땅도 그때 붙었습니다. 한반도에서 땅의 통일은 이미 2억 년 전에 이루어졌던 것입니다. 이처럼 지구가 생긴 이후 땅의 모습은 수없이 많은 변화를 겪어 왔고, 이 변화를 설명하는 것이 바로 판 구조론입니다.

가장 최근에 지구의 땅 전체가 하나로 붙어 있던 시절은 지금부터 약 2억 년 전쯤이에요. 그때만 하더라도 땅의 끝에서 끝까지 육지만 밟으며 걸어갈 수 있었을 거예요. 북아메리카가 유럽에 붙어 있었고, 남아메리카가 아프리카에 붙어 있었고, 인도와 오스트레일리아와 남극 대륙이 서로 붙어 있었지요.

» 붙어 있던 땅이 갈라져 « 대륙이 생긴 것

그러다가 서서히 땅들이 갈라지게 되었습니다. 1억 년 전쯤에 남아메리카가 아프리카와 떨어지면서 대서양이 만들어졌어요. 인도는 남극에서 떨어져 적도 가까이 이동하기 시작했지요. 오스트레일리아는 그때까지 남극에 붙어 있었답니다. 세월이 1억 년 정도 더 흐르면서 지구의 땅은 우리가 아는 지금의 세계 지도와 비슷하게 변했습니다. 인도는 아시아 대륙과 붙었고, 오스트레일리아는 떨어져 나와 지금의 위치에 도착했어요. 아라비아 반도가 아프리카에서 떨어져 나왔고요. 세계에서 가장 큰 섬들도 이동해서 그린란드가 북아메리카에서, 마다가스카르가 아프리카에서 떨어져 나왔습니다. 그리고 우리 가까이 있던 일본은 2,000만 년 전부터 한반도에서 떨어져 나가기 시작해 지금의 위치에 이르게 되었어요. 그 결과 우리나라와 일본 사이에 동해가 생겼지요.

땅이 이동하면서 큰 바다가 생겼고, 또 큰 산맥도 만들어 놓았어요. 그러나 여기서 끝이 아니랍니다. 땅의 이동은 계속되고 있기 때문이지요. 바다는 커지거나 줄어들 것이고, 산맥은 더 높아질 수도 있습니다. 그뿐만 아니라 새로운 산맥과 바다가 탄생할 수도 있을 것입니다. 판 구조론을 연구하는 과학자들은 과거의 땅의 모습을 재현함과 동시에 미래의 모습도 예측하려고 노력하고 있습니다. 5,000만 년 후에 세계 지도는 어떻게 변할지 흥미로운 일입니다. 지금 우리가 알고 있는 지식으로 미래의 지구 모습을 한번 그려 볼까요?

대서양은 더 넓어집니다. 대서양이 넓어지면서 태평양은 좁아지게 됩니다. 미국에 가는 비행시간이 줄어들 것입니다. 아프리카의 동쪽이 떨어져 나가 그린란드보다 더 큰 섬이 인도양에 생겨날 것입니다. 그리고 오스트레일리아가 아시아 가까이 올라올 것입니다.

》 오스트레일리아가 《
우리나라 가까이 온다고?

5,000만 년 뒤에 오스트레일리아가 북반구의 어디까지 올라오느냐는 학자에 따라 그 의견이 다른데, 오스트레일리아가 우리나라 바로 코앞까지 올라온다는 의견도 있습니다. 그리 되면 오스트레일리아에 코알라를 보러 가기 쉬워지겠네요.

　판 구조론의 연구로 지구의 땅들이 어떤 방향으로, 그리고 어느 정도의 속도로 움직이는지 알게 되었습니다. 땅들이 움직이니까 세계 지도는 시시각각 달라질 것입니다. 물론 우리에게는 아주 오랜 시간이 걸리겠지만요.

빙하의 흔적은 어떻게 대륙 이동의 증거가 되었을까?

아프리카에 왔다!~

우리가 가는 곳은 줄루랜드라는 곳이야.

아프리카

줄루랜드

아프리카 동쪽, 줄루족의 영토란다.

아프리카에는 왜 온 거예요?

이곳에서 대륙 이동의 증거인 빙하의 흔적을 볼 수 있거든.

4장

지구의 표면을 이루는 암석

18

지구에서 가장 먼저 만들어진 암석은?

흔히 커다랗고 단단한 돌을 암석이라고 부릅니다. 암석은 지구의 표면을 이루는 아주 중요한 구성원이에요. 우리는 단단한 암석 위에 발을 딛고 살고 있습니다. 그런데 암석은 언제 어떻게 만들어졌을까요? 그리고 지금처럼 다양한 종류의 암석은 어떻게 생겨났을까요?

지구가 탄생하고 얼마 후 지표에 지각이 생겼어요. 그 뒤로 지각은 오랜 세월, 그러니까 40억 년 이상의 세월 동안 끊임없이 변해 왔어요. 예전에 있던 지각이 맨틀 아래로 가라앉아 녹기도 하고, 맨틀에 있던 물질이 지표로 올라와 새로운 지각이 되기도 했지요. 그런 과정 속에서 대륙이 이동하고 충돌하고 또 새로운 대륙이 생기기도 했답니다. 이처럼 지구의 껍질은 오랜 기간의 순환에 의해 새롭게 변화해 온 것이지요. 이런 변화 속에서 새로운 암석들도 만들어졌습니다.

지구에서 가장 먼저 생긴 암석은 마그마의 바다가 굳으면서 만들어진 현무암입니다. 얼마 후 땅속 깊숙한 곳에서 대륙 지각을 만드는 화강암이 만들어졌어요. 이처럼 녹아 있던 물질, 즉 마그마가 굳어져 만들어진 암석을 화성암이라고 불러요. '화(火)'는 불을 뜻하고, '성(成)'은 만들어진다는 뜻인데요, 불에 해당하는 뜨거운 마그마로부터 만들어진 돌이라는 의미지요. 지구가 만들어지던 무렵에는 이 같은 화성암이 지구의 땅을 만들고 있었어요.

》 물이 흐르면서 《
퇴적암이 생기다

지구에 땅이 생길 무렵, 하늘에 있던 두꺼운 대기 속 엄청난 양의 수증기가 비가 되어 아래로 내려와 지표를 덮으면서 바다가 만들어졌습니다. 대기가 있고, 바다가 있고, 땅이 생겼어요. 대기 속 수증기가 비가 되어 땅을 적시고 합쳐져 강물이 되어 낮은 곳으로 흘러갑니다. 이때 땅을 이루던 암석들은 물과 반응해 잘게 부서집니다. 부서진 조각들은 물에 휩쓸려 이동해 갑니다. 먼 거리를 이동하면서 암석 조각들은 서로 부딪쳐 모서리가 깎이게 되지요. 많이 부딪칠수록 모서리는 둥글어집니다. 흘러가는 물의 속도가 느려지면 조각들은 바닥으로 가라앉아요. 가라앉은 조각들은 점차 층을 이루며 쌓이게 되지요.

큰 조각들은 무거워서 짧은 거리만 이동하지만, 작은 조각들은 먼 거리까지 이동할 수 있어요. 크고 작은 조각들이 섞여 있는 경우 크고 무거운 것이 먼저 가라앉고 작고 가벼운 것이 나중에 가라앉게 되지요. 이렇게 쌓인 조각들을 퇴적물이라고 부릅니다. '퇴적(堆積)'이란 많이 쌓여 더미를 이룬다는 뜻이에요. 퇴적물이 계속 반복적으로 쌓이면 위에서 누르는 힘이 강해지고, 그 힘 때문에 아랫부분은 아주 단단한 암석으로 변하게 됩니다. 이렇게 만들어진 암석을 '퇴적암'이라 부릅니다.

》 지구 내부 운동으로 《
변성암이 생기다

지구가 만들어지고 얼마 지나지 않아 지구 내부는 운동을 하기 시작합니다. 맨틀이 조금씩 움직이면서 그 위에 놓인 지각을 움직이는 것이지요. 판의 운동이 시작된 것입니다. 대륙판들끼리 충돌하기도 하고, 해양판이 대륙판 아래로 침강하기도 하면서 아주 다양한 사건들이 일어나게 됩니다. 이 과정에서 땅속에 있던 암석은

지구의 표면을 이루는 암석

더 높은 열을 받고, 더 강한 힘을 받게 됩니다. 그러면 암석에 들어 있던 광물들이 다른 광물로 변하고, 또 광물들이 모여 있던 모습도 바뀌게 됩니다. 그러면서 암석의 성질이 변하는 것이지요. 이렇게 만들어진 암석을 '변성암'이라 부릅니다. '변성(變成)'이란 변하여 만들어진다는 뜻이에요. 이미 만들어진 모든 암석은 변성암이 될 수 있습니다. 화성암도 퇴적암도 그리고 변성암까지도 새로운 환경에서 더 높은 열과 더 강한 힘을 받으면 변성암으로 다시 탄생하는 것입니다.

처음 지구가 만들어지던 때 지구의 표면에 화성암이 만들어졌습니다. 얼마 뒤 지구에 바다가 생기면서 퇴적암이 만들어졌지요. 그리고 지구 내부의 운동이 활발해지면서 변성암도 생겨났습니다. 이런 암석들은 지구가 만들어지고 얼마 되지 않은 시기에 이미 만들어지고 있었습니다. 그린란드 이수아 지역의 암석을 조사해 보면 이미 38억 년 이전에 용암이 흘러 화성암을 만들었던 흔적이 있어요. 둥근 자갈이 포함된 퇴적암이 나중에 변성암으로 바뀐 모습도 찾아볼 수 있고요.

우리 지구는 태어난 지 얼마 지나지 않아 화성암, 퇴적암, 변성암을 만들었고, 지금도 여기저기에서 이런 암석들을 만들어 가고 있답니다.

지구의 표면을 이루는 암석

19

소금이 광물이라고?

돌을 자세히 들여다보면 크고 작은 알갱이들이 보입니다. 어떤 것은 검고, 어떤 것은 희고, 또 어떤 것은 투명하지요. 돌에 포함되어 있는 알갱이들을 '광물'이라고 불러요. 그런데 우리가 먹는 소금도 광물이라고 해요. 광물이 되려면 어떤 조건이 필요한가요?

고대 사람들은 주로 땅속에 굴을 파고 필요한 물질, 즉 '광물'을 얻었어요. 영어로 미네랄(mineral)이라고 부르는데, 미네랄은 '굴을 파고 얻은 덩어리'라는 말에서 왔어요. 지금도 인류는 필요한 많은 물질을 광물로부터 얻고 있지요. 이것을 흔히 광물 자원이라고 불러요.

자연 상태에서는 광물이 한 종류로만 나타나는 경우는 드물어요. 암석 덩어리에 여러 광물이 모여 있는 상태가 대부분이지요. 특히 작은 알갱이로 많이 나타난답니다.

》광물이 되기 위한 《 네 가지 조건

광물을 현미경으로 자세히 들여다보면 3차원의 특징적인 모양을 하고 있는 것을 볼 수 있어요. 이런 모양을 '결정'이라고 하지요. 흔히 '크리스털(crystal)'이라고 불러요. 결정은 아주 작은 원자들이 규칙적으로 서로 결합되어 있는 고체 상태의 물질이에요. 어떤 원자들이 어떤 모양으로 결합되어 있느냐에 따라 어떤 광물이 되느냐가 정해지는 것이지요.

그런데 자연에는 우리가 광물이라 부르는 것과 아주 닮은 것들이 있어요. 그래서 광물인지 아닌지 정확히 판단을 내리기 위해서 몇 가지 조건을 만들었어요. 첫 번째로 광물은 자연에서 만들어진 것이어야 해요. 두 번째로 고체여야 하고요. 세 번째로 화학 성분이 뚜렷해야 해요. 네 번째 조건은 특징적인 결정의 모양(결정 구조)이 있어야 합니다. 이 네 가지 조건을 모두 갖춘 물질만 광물이라고 하기로 했어요.

　먼저 자연에서 만들어져야 한다는 조건을 살펴볼까요? 요즘에는 과학 기술이 발달해서 어떤 광물은 사람 손으로 만들어지기도 해요. 원래 다이아몬드는 땅속 깊은 곳에서 발견되는 광물입니다. 여러 가지 보석 광물 가운데에서도 굳기가 가장 단단한 데다 광채가 뛰어나고 희귀해서 인기가 높습니다. 자연에서 채굴하는 다이아몬드는 광물의 네 가지 조건을 모두 만족시킵니다. 다이아몬드의 인기가 점점 높아지고 20세기 과학 기술이 발전하면서 공장이나 실험실에서 탄소 또는 탄소 화합물을 합성해 다이아몬드를 만들기 시작했습니다. 하지만 이런 다이아몬드는 자연에서 만들어진 것이 아니기 때문에 광물이라고 하지 않습니다. 사람이 만들었다는 뜻의 '인조' 또는 '인공'을 붙여서 인조 다이아몬드, 인공 다이아몬드 이런 식으로 부르지요.

　광물이 되려면 고체라는 조건도 충족시켜야 해요. 거의 모든 광물은 고체로 되어 있어요. 그런데 일반적인 상태에서 고체가 아닌 액체로 존재하는데도 광물로 인정하는 물질이 딱 하나 있어요. 바로 수은입니다. 수은은 상온에서는 액체로 존재하지만 아주 낮은 온도, 즉 영하 38.83도 아래에서는 고체가 되기 때문이지요.

　종종 자연 상태의 바위 속에서 유리가 발견되곤 해요. 이 유리는 자연에서 만들어졌고 고체이니까 광물이라고 할 수 있지 않을까요? 하지만 이 유리는 특징적인 결정 모양을 가지고 있지 않기 때문에 광물이 아니랍니다.

　남극과 북극에는 두터운 얼음덩어리인 빙하가 있어요. 그런데 빙하도 광물이라는 사실, 알고 있었나요? 빙하는 자연에서 만들어졌고, 딱딱한 고체이고, 성분이 뚜렷하고, 결정 모양도 확실하기 때문에 '광물'입니다. 그런데 얼음이 녹아 물이 되면 어떻게 될까요? 더 이상 광물이 아니지요.

　자, 이제 소금이 정말 광물인지 알아볼까요? 소금은 자연에서 만들어집니다. 고체이고요. 성분도 염화 나트륨(NaCl)으로 뚜렷하고, 특징적인 결정 구조도 가지고 있어요.

　그러니까 소금은 광물입니다!

지구의 표면을 이루는 암석

20

단단한 암석은 왜 부서질까?

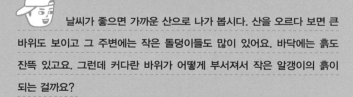

날씨가 좋으면 가까운 산으로 나가 봅시다. 산을 오르다 보면 큰 바위도 보이고 그 주변에는 작은 돌덩이들도 많이 있어요. 바닥에는 흙도 잔뜩 있고요. 그런데 커다란 바위가 어떻게 부서져서 작은 알갱이의 흙이 되는 걸까요?

지구라는 행성은 태양계에서도 아주 독특한 환경을 가지고 있지요. 푸른 바다가 있고, 넓고 높은 대기가 있습니다. 다사로운 햇살이 비치다가도 비바람이 치고 하루에도 여러 차례 날씨가 변덕을 부리기도 합니다. 햇살도 비바람도 지구 위에 사는 생물들에게는 꼭 필요합니다. 에너지도 필요하고 물도 필요하지요. 지구에서의 삶은 모든 게 연결되어 있습니다. 땅도, 바다도, 공기도, 생물도 모두가 연결되어 있지요. 우리는 이 연결된 환경을 지구 시스템 또는 지구계라고 부릅니다.

지표의 암석은 항상 대기에 노출되어 있습니다. 대기의 기온 변화는 암석에 어떤 영향을 미칠까요? 또 비가 내려 암석을 적시기도 하고, 때로는 암석 위로 눈이 쌓이기도 합니다. 물은 암석에 어떤 영향을 미칠까요? 커다란 바위에 뿌리를 내리고 커 가는 나무도 종종 보입니다. 나무도 암석에 영향을 줄까요?

》 광물 알갱이 틈이 《 벌어지는 이유

암석에는 여러 종류의 광물 알갱이들이 포함되어 있습니다. 암석을 현미경을 사용해 가까이 들여다보면 광물 알갱이 사이로 아주 작은 틈이 보입니다. 아주 작게 깨진 틈이라고 해서 미세 균열이라고 불러요. 많은 암석들이 땅속에서 단단하게 굳어요. 그런데 이 암석들 윗부분이 오랜 세월 깎여 나가면서 서서히 밖으로 노출이 되는 것이지요. 지표에 노출이 되면 내리누르는 압력이 낮아져서 광물 알갱이들이 조금씩 팽창을 해요. 그런데 알갱이마다 팽창하는 정도가 다르기 때문에 알갱이 사이의 경계가 되는 부분에 아주 작은 틈, 즉 균열이 생기게 됩니다.

게다가 지표에 노출된 암석 속의 광물 알갱이들은 계절에 따라 따뜻해졌다 차가워졌다를 반복하면서 아주 미세하게 부피가 늘어나기도 하고 줄어들기도 해요. 시간이 흐르고 팽창과 수축을 반복하면서 이 틈은 조금씩 커지게 되지요.

그러다가 비가 오거나 암석 위로 물이 흐르면 물이 광물 알갱이 사이의 틈으로 스며듭니다. 겨울이 되면 암석 내부의 틈으로 스며든 물이 얼겠지요. 물은 얼면서 부피가 커지기 때문에 틈은 더 벌어지게 됩니다. 봄에 따뜻해지면 틈 속 얼음은 녹지만 틈은 다시 줄어들지 않아요. 그러다 비가 와서 틈 속으로 빗물이 들어가고 다시 겨울이 되면 물이 얼면서 틈은 더 벌어지게 됩니다. 이런 과정이 오랜 시간 계속 이어지면 단단한 바위도 결국에는 쩍하고 쪼개지고 맙니다.

암석 안으로 스며든 물은 광물 알갱이를 이루는 화학 성분들과 반응을 하기도 합니다. 그러면 원래의 광물이 변해서 다른 광물이 만들어져요. 물과 반응하여 성질이 달라졌다고 해서 '변질 광물'이라고 부르지요. 이런 변질 광물은 보통 암석을 아주 약하게 만드는 성질을 갖고 있어서 변질 광물을 포함한 바위는 쉽게 갈라집니다.

》 암석이 흙이 되는 《
과정이 '풍화'

암석에 뿌리 내리는 나무 역시 암석에 영향을 줍니다. 나무뿌리는 암석 내의 미세한 틈을 타고 계속 자랍니다. 특히 뿌리에서 나오는 유기산이라는 화학 성분이 광물 알갱이들과 반응합니다. 이 반응으로 광물이 분해되면서 암석이 약해지게 되는 것이지요. 이렇게 암석에 틈이 벌어지면 또 이 틈으로 뿌리는 더욱 성장해 나갑니다. 그러다 결국에는 암석이 쪼개지지요.

지구계에서 지표의 암석은 항상 쪼개지기 쉬운 환경에 있습

지구의 표면을 이루는 암석

니다. 커다란 바위가 결국에는 작은 돌멩이가 되고 또 모래와 흙으로 바뀌게 됩니다. 이런 과정을 '풍화'라고 부릅니다. 모래와 흙으로 된 토양은 이처럼 바위가 오랜 기간 풍화 과정을 거치면서 만들어지는 것이지요. 풍화 덕분에 우리는 토양으로부터 귀중한 음식의 재료를 얻을 수 있게 된 것입니다.

21

다이아몬드는 영원히 안 변하지 않을까?

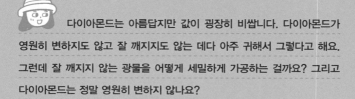

다이아몬드는 아름답지만 값이 굉장히 비쌉니다. 다이아몬드가 영원히 변하지도 않고 잘 깨지지도 않는 데다 아주 귀해서 그렇다고 해요. 그런데 잘 깨지지 않는 광물을 어떻게 세밀하게 가공하는 걸까요? 그리고 다이아몬드는 정말 영원히 변하지 않나요?

다이아몬드의 이름은 고대 그리스 사람들이 붙인 이름인 '아다마스(adamas)'에서 왔어요. 아다마스는 '깨지지 않는다', '길들일 수 없다'라는 뜻인데, 그만큼 다이아몬드가 단단하다는 뜻이겠지요. 실제로도 아주 단단해서 지금까지 알려진 광물들 가운데 다이아몬드보다 단단한 광물은 없습니다. 그 때문에 다이아몬드는 정말로 다루기 어려운 보석이에요.

광물의 단단함을 나타낼 때 '굳기'를 사용합니다. 독일의 광물학자 프리드리히 모스가 10가지 광물을 선택하고 서로 긁어 보아 잘 긁히는 약한 것부터 잘 긁히지 않는 강한 것까지 순서를 매긴 것이지요. 흔히 '모스 굳기계'라고 합니다. 모스 굳기계의 순서는 굳기가 1인 활석에서부터 석고, 방해석, 형석, 인회석, 정장석, 석영, 황옥, 강옥 그리고 다이아몬드입니다.

》 결정 모양을 찾으면 《
쪼갤 수 있어

이렇게 단단한 다이아몬드를 보석으로 만들기 위해서는 깨야만 되는데요, 어떻게 할까요? 방법이 없는 것은 아닙니다. 다이아몬드도 광물이기 때문에 결정 모양을 가지고 있어요. 결정 모양에서 비교적 쪼개기 쉬운 면을 찾아 그 방향으로 쪼개는 것입니다. 절대 쪼개지지 않는다면 보석으로 만들기 어렵겠지요.

비싸고 단단한 다이아몬드는 땅 위에서는 구하기 힘든 광물입니다. 왜 그럴까요? 다이아몬드의 화학 성분은 아주 단순하게 탄소 원자로만 되어 있습니다. 다이아몬드는 하나의 탄소 원자가 다른 네 개의 탄소 원자와 아주 치밀하게 결합되어 있지요. '흑연'이라는 광물 역시 탄소 원자로만 되어 있지만 그 결정의 모양이 다이아몬드와는 아주 다릅니다. 치밀하고 단단한 다이아몬드의 결정이 만들어지기 위해서는 아주 높은 압력이 필요해요. 그러니까 지표의 환경에서는 절대로 만들어지지 않지요. 실제로 다이아몬드는 대략 땅속 150킬로미터보다 깊은 곳에서 만들어집니다.

그러면 그렇게 깊은 곳에서 만들어진 다이아몬드가 어떻게 지표 근처까지 올라오는 것일까요? 여기에는 비밀이 하나 있습니다. 다이아몬드를 땅속 깊은 곳에서 지표 부근까지 가져다주는 전달자가 있어요. 바로 마그마입니다. 이 마그마는 빠른 속도로 지표로 올라와 암석이 되었는데 이 암석을 '킴벌라이트'라고 부릅니다. 킴벌라이트라는 이름은 이 암석이 처음 발견된 남아프리카 공화국에 있는 킴벌리라는 지명에서 온 거예요. 지표로 올라온 킴벌라이트는 풍화되면서 쪼개지고 분해되지만, 단단한 다이아몬드는 그대로 여기저기 남아 있어요. 남아프리카 킴벌리에 있는 지구 최대의 다이아몬드 광산은 이렇게 만들어진 것이랍니다.

》 사실 다이아몬드도 《 영원하지 않아

흔히 다이아몬드가 영원히 변하지 않는다고 해서 변치 않는 사랑의 상징으로 생각하지만, 사실 영원하지 않습니다. 왜냐하면 만들

지구의 표면을 이루는 암석

어진 장소에 있을 때는 안정하지만 지표에 올라오면 압력이 낮아져서 불안정해지기 때문이지요. 그렇다면 지표에서 안정한 흑연으로 바뀌어야 하는데, 그렇게 쉽게 변하지는 않아요. 다이아몬드가 흑연으로 바뀌는 데 시간이 오래 걸리기 때문입니다. 변하지 않는 것이 아니라 변하는 데 너무 오랜 시간이 걸려서 영원한 것처럼 보이는 것이지요.

요즘은 비싼 자연산 다이아몬드를 대체하기 위해 공장에서 다이아몬드를 만들기도 합니다. 다이아몬드라는 광물이 만들어지는 조건을 알아냈기 때문이지요. 인조 다이아몬드는 천연 다이아몬드만큼 크게 만들어지지 않아요. 그래도 단단하기 때문에 유리를 자르는 등 공업용으로 널리 사용되고 있습니다.

22

화석이 나오는 돌이 따로 있다고?

남해안에 가면 곳곳에서 공룡 발자국 화석을 볼 수 있어요. 설명을 들어 보니까 공룡 발자국이 찍혀 있는 암석은 얇게 깨져 나간 퇴적암이라고 해요. 그런데 화석은 모든 암석에서 나오나요, 아니면 특별한 암석에서만 나오나요?

먼저 화석이 무엇인지 알아볼까요? '화석'은 오래전 지구에 살았던 동물과 식물의 모습이 암석 속에 보존된 것을 말해요. 동식물의 형태가 남아 있을 수도 있고, 발자국과 구멍처럼 살던 흔적이 남아 있을 수도 있어요.

화석은 어떻게 만들어질까요? 생물은 유기 물질, 즉 탄소, 산소, 수소로 구성된 화합물로 이루어져 있습니다. 생물이 죽으면 흙이나 모래에 묻히게 됩니다. 시간이 흐르면서 유기 물질이 분해되어 이산화 탄소와 물로 바뀝니다. 그때 분해된 유기 물질 자리에 규산(SiO_2)이나 탄산 칼슘($CaCO_3$)과 같은 물질들이 채워지고 위에 쌓인 퇴적물의 압력으로 단단한 암석으로 변하면 화석이 되는 것입니다. 공룡 발자국 같은 흔적은 아직 굳지 않은 퇴적층에 공룡 발자국이 찍힌 뒤 단단히 굳어지면서 만들어집니다.

》화석은 주로 《
퇴적암에서 만들어져

한편 화석이 만들어지기 위해서는 어느 장소에 생물이 묻히느냐가 중요합니다. 생물이 죽어서 묻히는 장소가 호수나 바다처럼 비교적 잔잔하고 퇴적물이 많이 쌓이는 곳이어야 합니다. 땅에도 많은 생물이 살았지만, 그곳에서 화석이 만들어지는 경우는 흔하지 않습니다. 왜냐하면 땅 위 대부분의 지역은 풍화로 침식되었기 때문입니다. 땅 위에서는 강 하구의 범람원에서 화석이 만들어지기도 하지만, 퇴적 작용이 제대로 일어나지 않으면 화석이 잘 보존

되지 못합니다.

지구의 암석을 보통 만들어지는 원인에 따라 화성암, 변성암, 퇴적암 이렇게 세 종류로 구분하지요. 이 가운데 화성암과 변성암은 높은 열과 높은 압력을 받아 만들어지는 것이어서 화석이 잘 보존되지 못해요. 반면 진흙이나 모래와 같은 물질로 만들어진 퇴적암 속에 들어 있는 화석은 비교적 잘 보존된답니다.

진흙은 아주 고운 알갱이로 된 물질이고, 잔잔한 호수나 늪, 바다에서 천천히 가라앉습니다. 이런 곳에 살던 생물이 죽어 묻히면 그 위로 진흙이 덮이게 되고, 진흙과 함께 굳어 층이 잘 발달한 퇴적암 '셰일'이 되는 것이지요. 셰일에서는 종종 조개류와 식물 화석들이 발견됩니다.

》 화석은 지구의 《 역사 보고서

퇴적암 중에는 석회암도 있습니다. 탄산 칼슘 성분으로 된 석회암은 보통 두 가지 방법으로 만들어집니다. 바닷물 속에 포함된 탄산 칼슘 성분이 가라앉아 만들어지거나 조개가 죽은 뒤 조개껍질이 부서져 생긴 탄산 칼슘을 포함한 물질이 쌓여 만들어진 것이지요. 생물이 죽어서 만들어진 석회암에는 당연히 과거 생물의 흔적들이 많이 남아 있겠지요? 석회암에서는 산호나 조개류, 바다풀 같은 화석이 많이 관찰됩니다.

우리는 화석을 통해 무엇을 알 수 있을까요? 먼저 지구에서 오랜 시간에 걸쳐 살아온 다양한 생물은 시대에 따라 그 종류와 모습이 달랐기 때문에 화석을 통해 그 화석이 포함된 지층이 어느 시대 것인지 알아낼 수 있어요. 다음으로 화석을 포함한 암석에서 생물이 살았던 당시의 지구 환경에 대해 알 수 있지요. 따라서 화석은 과거 지구의 환경이 어떻게 변화했으며, 또 어떤 생물이 살았는지를 알려 주는 매우 소중한 자료입니다.

23

석기 시대 사람들이 칼을 만들 때 쓴 돌은?

석기 시대에 사람들은 동물의 가죽을 벗기고 고기를 자르는 데 돌을 사용했어요. 하지만 돌은 이리저리 깨거나 뾰족하게 갈아도 칼처럼 날카롭게 만들어지지 않았어요. 그런데 어떤 돌은 아주 날카로워서 무기를 만들거나 칼로 이용했다는데, 어떤 돌이었을까요?

돌 가운데 단단하면서도 뾰족하게 깨지는 것들이 있습니다. 석기 시대 사람들은 그런 돌을 사용해 도끼나 화살촉을 만들고, 낚싯바늘 같은 유용한 도구를 만들었습니다. 이런 도구들이야말로 인간이 살아가는 데 아주 중요한 발명품이었지요. 그러다가 우연히 쪼갰을 때 깨진 면이 아주 날카로운 돌을 발견하게 되었어요. 새카만 돌인데 주로 조개껍데기 모양으로 깨지고, 얼마나 날카로운지 한번 베이면 피가 잘 멈추질 않았지요. 이 정도로 날카롭다면 동물의 가죽을 벗기고, 고기를 잘라 나누는 일은 어렵지 않았을 것입니다.

》 석기 시대의 《
검은 황금 흑요석

이 새카만 돌은 당시 석기 시대 사람들에게는 아주 귀중한 돌이었습니다. 그래서 '석기 시대의 검은 황금'이란 별명이 붙어 있기도 합니다. 이 돌의 이름은 '흑요석'입니다.

흑요석은 화산이 분출하면서 만들어지는 화산암 중 하나입니다. 용암이 지표로 흘러가면서 빨리 식어 만들어지는데 보통의 화산암과 다른 점이 있다면 그것은 거의 유리로 되어 있다는 점입니다. 흑요석은 산성의 화산암이 많이 분포하는 화산 지대에서 종종 발견됩니다. 산성의 마그마가 지표로 분출하여 흐를 때 아주 빠른 속도로 식게 됩니다. 그러면 여러 가지 광물 알갱이를 만들 시간이 부족해 대부분이 유리 성분인 흑요석이 만들어지는 것이

지요.

흑요석이 까만 이유는 유리 속에 어두운 색을 나타내는 원소가 들어 있고 또한 눈에 보이지 않을 정도로 아주 작은 자철석이라는 까만 광물 알갱이들이 점점이 박혀 있기 때문이에요. 유리가 깨지면 깨진 면이 무척 날카롭듯이 흑요석도 깨지면 아주 날카로운 가장자리가 생깁니다. 석기 시대 사람들은 흑요석을 뾰족하게 깨서 화살촉이나 찌르개 같은 무기를 만들거나 동물 뼈를 다듬는 새기개 같은 생활 도구들을 만들었어요.

흑요석이 화산암이라는 것을 미루어 볼 때 흑요석을 어디서 구했는지 짐작할 수 있습니다. 바로 화산 지대입니다. 화산이 폭발하면서 석기 시대의 인류에게 피해를 주기도 했겠지만, 흑요석처럼 아주 유용한 물질을 선물하기도 했답니다.

》 흑요석 도구는 《
화산 지대에서 발견돼

석기 시대의 흑요석은 당시 인류가 어떻게 서로 교류하며 살았는지에 대해 아주 중요한 정보를 제공합니다. 유럽의 지중해 주변 지역에서는 석기 시대 때 사용하던 흑요석 도구가 많이 발견됩니다. 이 도구들은 이탈리아 남쪽 지중해의 화산섬에서 채취한 흑요석으로 만든 것이지요. 지중해뿐만 아니라 세계적으로 흑요석 도구가 발견되는 주변에는 화산 지대가 많아요. 하지만 어떤 경우에는 흑요석이 화산 지대에서 아주 멀리 떨어진 지역에서 발견되기도 해요. 아마 당시 사람들이 흑요석을 들고 다니면서 계속 물물 교환을 하는 바람에 원래 있던 곳에서 아주 먼 곳까지 가게 된 것이겠지요.

우리나라도 여러 곳에서 흑요석으로 만든 도구가 발견됩니다. 지금까지의 연구에 따르면 흑요석으로 만든 석기 시대 도구는 중부 지역과 남해안 지역에서 많이 발견되고 있어요. 그러면 우리나라의 흑요석 도구는 어느 화산 지대의 흑요석일까요? 재미있는 것은 중부 지역에서 나오는 흑요석은 백두산 화산 지대 흑요석의 특징을 가진 반면, 남해안 지역에서 나오는 흑요석은 일본 규슈의 화산 지대 것과 비슷하다는 점이에요. 석기 시대 사람들은 어떻게 먼 백두산에서 흑요석을 가져왔을까요? 또 어떻게 바다를 건너 규슈의 흑요석을 운반해 왔을까요? 지금도 여러 학자들이 이 문제를 풀려고 연구하고 있답니다.

지구의 표면을 이루는 암석

24

석탑이 무너지는 이유는?

자랑스러운 우리 문화재 중에는 돌로 만든 탑이 많아요. 통일 신라 시대의 불국사 삼층 석탑이나 다보탑뿐만 아니라 고려, 조선 시대에 만들어진 유명한 석탑도 많지요. 그런데 혹시 오랜 시간 서 있는 탑을 보면서 무너지지 않을까 걱정한 적은 없었나요? 돌도 깨진다는데 무너지지 않고 계속 서 있게 하려면 어떻게 해야 할까요?

우리나라에 널리 있는 돌로 만든 탑, 즉 석탑은 천 년보다 오래된 것이 많아요. 그 오랜 시간 비바람을 맞으면서 꼿꼿이 서 있는 석탑은 과거 우리 문화와 선조들의 건축 기술을 엿볼 수 있는 소중한 유산입니다.

　비록 석탑이 잘 변하지 않는 돌로 만들어졌다고는 하지만 세월이 흐르다 보면 탑의 여기저기에서 문제가 발생합니다. 자연적으로 풍화가 되면서 문제가 생기기도 하고, 사람 때문에 문제가 생기기도 합니다. 석탑이 자리 잡고 서 있는 땅에 문제가 생길 수도 있고, 지진에 흔들리다가 문제가 생길 수도 있습니다. 이런 문제가 발생했을 때 과학적인 연구를 통해 원인을 밝히고 원래대로 고칠 방법을 찾거나 나중에 생길 문제까지 미리 대비하는 연구를 '보존 과학'이라고 합니다.

》 석탑도 시간이 지나면 《 무너질 수 있어

2000년대 들어서 유명한 석탑 두 기(탑을 세는 단위)에서 문제가 발견되었습니다. 경주에 있는 국보 제20호 다보탑과 제21호 불국사 삼층 석탑입니다. 이 두 석탑은 통일 신라 때 만들어진 대표적인 석조 문화재입니다. 건축된 지 1,200년이 넘으면서 석재가 심하게 풍화되어 많이 약해진 상태였어요.

　다보탑은 2008년 12월부터 1년간 탑의 상층부에 대한 보존 처리가 진행되었습니다. 2층 사각 난간과 팔각 난간을 해체해 빗

물이 스며들지 않게 방수 처리를 하고, 떨어져 나가거나 금이 간 부분은 잘 붙이고 강화 처리를 했습니다. 마지막으로는 세척 작업을 진행했지요.

불국사 삼층 석탑은 흔히 석가탑이라고 불러요. 이 삼층 석탑의 아랫부분에 탑의 몸체를 지탱하는 기단이 있는데, 2011년 그 일부에서 균열이 발견되었어요. 그대로 두면 위에서 누르는 무게를 이기지 못하고 무너질 가능성이 커서 보존 처리를 진행했습니다. 2012년부터 2016년까지 탑을 완전히 해체해서 겉면의 이물질을 제거하고 떨어져 나간 부분과 갈라진 틈을 메웠어요. 그러고 난 뒤 안전하게 복원했습니다.

우리나라의 경우 석탑을 만들 때 화강암을 가장 많이 사용했어요. 아마 주변에서 쉽게 구할 수 있었기 때문이었을 거예요. 그렇다고 무조건 가까이 있는 돌만 사용한 건 아니에요. 경주 지역에 남아 있는 통일 신라 시대의 석탑들은 거리에 상관없이 대부분 경주 남산의 화강암을 사용해 만들어졌어요. 이를 보아 경주 남산이 당시에 어떤 특별한 의미가 있었던 것으로 추측할 수 있어요. 하여간 화강암이란 돌은 무척 단단해서 다루기가 여간 어려운 게 아닙니다. 그러니 석탑 하나를 쌓는 데도 많은 노력이 필요했을 거예요.

석가탑을 만드는 과정을 상상해 봅시다. 신라의 석공들이 남산에서 돌을 캐고 운반합니다. 탑의 각 부분의 크기에 맞게 돌을 깨고, 쪼는 모습은 지금 석공들의 작업과 크게 다르지 않았을 겁니다. 아래쪽 기단을 놓고, 위쪽 기단을 얹고, 그 위에 세 개의 탑의 몸, 즉 탑신을 쌓았습니다. 마지막으로 탑 위의 장식 부분을 올려서 아름다운 삼층 석탑을 완성했습니다.

》 문화재 보호에도 《
지질학 지식이 필요해

석탑을 만들던 당시에 석공들은 탑을 만들 때 풍화되지 않은 가장 신선한 돌을 사용했을 거예요. 하지만 돌을 캐는 그 순간에도 이미 내부에 작은 균열이 성장해 있었어요. 석탑처럼 세로로 긴 구조물은 하부로 내려올수록 엄청난 힘을 받게 되지요. 탑의 크기가 클수록 내리누르는 힘은 엄청날 것입니다. 이 힘은 석재 내부에 있던 작은 균열을 더욱 크게 만들어요. 세월이 흐를수록 균열이 점점 커져서 석탑의 표면에 깨진 틈이 생기겠지요. 그러면서 여기저기 석재가 깨져 나가기 시작합니다. 여기에 풍화 작용이 더해져 석재는 점점 약해지게 됩니다. 구조적으로 무척 불안정하게 되는 것이지요.

우리는 자랑스러운 석조 문화재를 잘 보존하기 위해서 돌에 대해서도 알아야 하고, 돌이 깨지는 원인에 대해서도 조사해야 하고, 문제가 될 만한 부분에 대한 대책도 마련해야 합니다. 여기에 지질학 지식과 연구가 필요한데요, 이게 바로 융합 연구가 되는 것이랍니다.

가장 오래된 보석
청금석

교수님, 여기가 어디예요?

여기는 아프가니스탄에서 라피스 라줄리, 즉 청금석이라는 보석이 생산되는 광산이야.

그냥 돌 같은데요.

청금석은 지각 변동 때 땅속에서 변성 작용으로 만들어지는 암석이라 무척 귀했어.

기원전 3000년 무렵 고대 바빌로니아에서는 장식품에 사용했어.

이집트 투탕카멘의 가면도 청금석으로 장식한 거야.

르네상스 시대에는 청금석으로 울트라마린이라는 파란색 물감을 만들어 썼어.

이 옷 부분의 선명한 파란색이 바로 울트라마린이야. 한때는 금보다 더 비쌌단다.

그럼 이걸 가져가서 비싸게 팔아야겠어요!

휙

지금은 여기 말고도 생산되는 곳이 많아서 값이 많이 싸졌….

쌩

5장

땅속 에너지의
폭발, 지진

25

판이
움직이면
단층이
생긴다고
?

언뜻 보면 아주 단단해 보이는 땅도 자세히 들여다보면 여기저기 깨져 있는 것을 볼 수 있어요. 여러 방향으로 금도 가 있고요. 이렇게 단단한 땅이 왜 깨지고 갈라지는 것일까요?

아무리 단단한 물체라도 외부로부터 충격을 받으면 깨질 때가 있어요. 깨진 곳을 자세히 들여다보면 금이 가서 아주 작은 틈이 생긴 것을 볼 수 있지요. 지구의 표면을 이루는 단단한 암석들도 이처럼 충격을 받으면 깨지고 틈이 생겨요. 이렇게 지각 변동으로 지층이 갈라져 어긋나는 지형을 '단층'이라고 불러요.

》 단층을 만드는 힘은 《
세 가지

앞서 배웠듯이 지구의 껍질인 판이 이동할 때 판을 이루는 암석들도 같이 움직입니다. 물론 스스로 움직이는 것이 아니라 아래로부터 힘을 받아 움직이는 것입니다. 그런데 한 땅덩어리에 서로 다른 방향의 힘이 작용하면 어떻게 될까요? 예를 들어 볼까요? 네모난 스티로폼 양쪽 끝에 손을 펼쳐 갖다 대고 힘을 주면 스티로폼이 처음에는 휘다가 더 이상 견디지 못하고 '똑' 부러집니다. 땅덩어리 역시 서로 반대 방향에서 힘을 받으면 '똑' 부러지게 됩니다. 이렇게 지구의 표면에 단층들이 생겨납니다.

반대 방향의 힘이라고는 했지만, 잘 보면 땅덩어리를 끊어 버리는 힘은 세 가지가 있어요. 쪼그라들게 하는 힘, 늘어나게 하는 힘, 수평으로 어긋나게 하는 힘, 이렇게 세 가지입니다. 이 세 가지 힘에 따라 땅덩어리가 움직이게 되고, 그 결과는 다르게 나타납니다. 다시 말해 땅이 깨진 모양, 즉 단층의 모양이 다른 것이지요. 땅을 쪼그라들게 할 때는 한쪽 땅이 다른 쪽 땅 위로 솟구치는 단층이 생기는데, 이를 '역단층'이라고 해요. 늘어나게 할 때는 한쪽이 다른 쪽 아래로 내려가는 단층이 생기는데, 이를 '정단층'이라고 부르지요. 수평으로 서로 어긋나게 할 때는 옆으로 움직인 '수평 이동 단층'이 생깁니다. 사실 단층만 보고는 힘을 어느 방향으로 받아서 땅이 이동했는지 알기는 어려워요.

간혹 산을 깎아 만든 도로 주변에서 단층이 관찰되기도 해요. 시루떡처럼 생긴 땅덩어리에 위에서 아래까지 틈이 있고, 그 좌우

의 땅 모양이 어긋나 있으면 단층일 가능성이 커요. 단층이라면 오랜 옛날 그 지역에 서로 다른 방향의 힘이 작용하여 땅덩어리를 깨뜨린 결과라고 말할 수 있겠지요.

이처럼 단층이 지표에 드러난 경우도 있지만, 땅속에 숨어 있는 경우가 훨씬 많아요. 단층을 만든 땅이 아주 오래전에 움직였을 수도 있고, 가까운 시점에 움직였을 수도 있어요. 단층이 만들어졌다는 것은 땅에 큰 충격이 있었다는 것이고, 따라서 여러 가지 피해가 있었을 거예요. 지구에 사는 사람들이 종종 지진으로 큰 피해를 입는데, 지진은 단층과 아주 관계가 깊어요.

》 단층이 지진을 《 발생시켜

지표의 판이 움직이면서 땅이 움직이고, 이 움직임에 따라 땅에 힘이 작용하면 단층이 생깁니다. 그리고 그 단층이 지진을 발생시켜요. 단층이 많이 생기는 장소에 있으면 당연히 지진도 많겠지요. 이웃 나라인 일본에 지진이 많이 일어나는 것도 일본 주위에는 땅의 움직임이 많기 때문이에요.

예전에는 우리나라가 지진에 안전하다고 생각했지만 지금은 아니에요. 항상 지진에 대비하고, 그러기 위해서는 지진에 대해 잘 알아두어야겠습니다.

26

P파와 S파는 어떻게 다를까?

지진이 일어나면 건물이 막 흔들립니다. 땅이 흔들리니까 그 위에 있는 건물이 흔들리는 것입니다. 그런데 지진이 일어나면 지진이 생긴 곳에서 멀리 떨어진 곳까지 왜 흔들리는 걸까요?

고여 있는 물 위로 돌을 던지면 돌이 풍덩 빠져 들어간 곳에서부터 물결이 원 모양으로 사방으로 퍼져 나갑니다. 이렇게 물결이 퍼져 나가는 모습처럼 주기적인 진동이 퍼져 나가는 것을 '파동'이라고 해요. 물에 전달된 에너지가 물결 모양으로 사방으로 퍼지듯 지진이 나면 땅속에서도 비슷한 현상이 발생합니다. 오랜 시간 서로 반대 방향으로 움직이던 땅덩어리의 경계면에 엄청난 에너지가 쌓였다가 순간적으로 터지면 땅이 깨지면서 쌓여 있던 에너지가 사방으로 퍼져 나가요. 이때 땅이 흔들리는 움직임 역시 '파동'입니다.

》 땅의 흔들림과 나란하면 P파, 《 직각이면 S파

땅이 깨지면서 파동이 사방으로 퍼져 나갈 때의 모습을 땅이 흔들리는 파동이라는 뜻인 '지진파'라고 부릅니다. 지진파는 땅속에서 두 가지 방법으로 퍼져 나가요. 하나는 용수철을 당겼다 놓았을 때 흔들리는 것처럼 땅이 흔들리는 방향과 나란하게 전달됩니다. 다른 하나는 땅의 흔들림에 직각으로 전달되지요. 땅의 흔들림과 나란하면 P파(primary wave), 직각이면 S파(secondary wave)로 구분해요. 그럼 어느 파동이 더 빨리 전달될까요? 맞아요, 나란하게 전달되는 P파가 두 배 정도 빨리 전달됩니다. 특히 지진파는 땅이 단단하면 단단할수록 빨리 전달됩니다. 그러니까 지진파의 빠르기를 알면 땅속의 물질이 단단한지, 무른지도 짐작할 수 있어요.

지금 여러분이 있는 곳에서 멀리 떨어진 지역에서 지진이 일어났다고 생각해 봅시다. 우리가 있는 장소에 설치된 지진을 측정하는 장치인 '지진계'에 기록되는 파동은 어느 것이 먼저 나타날까요? 당연히 빨리 전달되는 P파가 먼저 도착해서 지진계에 기록되겠지요. 그런 다음 S파가 도착해서 기록됩니다.

》 지진계는 '진폭'과 《 '주기'를 측정해

그런데 지진계는 땅이 흔들리는 모습을 어떻게 기록하는 것일까요? 지진에 의한 땅의 흔들림은 진동과 같아요. 시계추가 왔다 갔다 하는 것도 진동이고, 기타 줄을 튕길 때 줄이 떨리는 현상도 진동이에요. 진동이 기록하는 것은 빠르기와 높이입니다. 진동이 생겨 높이 올라갔다 다시 낮아질 때까지의 높이 차이를 진폭이라고 합니다. 그리고 한번 높아졌다 낮아지고 다시 높아질 때까지의 시간은 주기라고 해요. 지진계는 바로 땅의 진동에 대한 진폭과 주기를 측정하는 기계예요. 빠르지만 진동 방향과 나란해서 땅을 약하게 흔드는 P파는 진폭이 작게 기록되지만, 나중에 도착하지만 진동 방향과 직각이라 땅을 세게 흔드는 S파는 진폭이 크게 기록됩니다.

그런데 땅이 흔들리면 지진계도 흔들릴 텐데 어떻게 진동을 정확하게 기록할 수 있을까요? 최근까지 사용된 기계식 지진계는 무거운 추에 바늘을 달아 진동을 기록하는 방법을 이용했어요. 땅

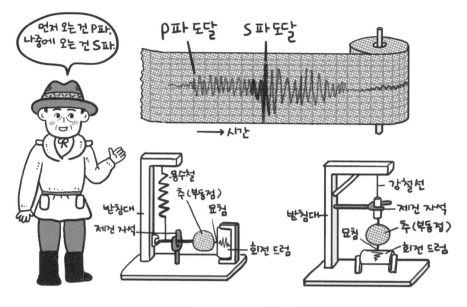

<그림 설명: 지진계 관련 삽화 - "먼저 오는 건 P파, 나중에 오는 건 S파." / P파 도달 / S파 도달 / 시간 / 용수철, 추(부동점), 묘침, 받침대, 제건 자석, 회전 드럼 / 강철선, 제건 자석, 추(부동점), 회전 드럼, 묘침, 받침대>

〈지진계의 여러 모습〉

이 흔들리더라도 지진계의 무거운 추에 달린 바늘은 땅과 같이 흔들리지 않고 땅의 진동을 기록할 수 있는 것이지요. 줄 끝에 무거운 공을 매단 다음, 줄을 잡고 빠르게 흔들면 공은 움직이지 않는 것과 같은 원리예요. 요즘은 기계식 지진계 대신 전자식 지진계를 사용해 좀 더 정확하게 지진을 기록할 수 있게 되었답니다.

땅속을 퍼져 나가는 P파와 S파의 빠르기를 알고, 지진계에 기록된 P파와 S파의 도착 시간을 알면 어느 정도의 거리에서 지진이 발생했는지 계산할 수 있어요.

이것 말고도 P파와 S파의 차이가 하나 더 있어요. 그것은 P파

는 고체와 액체를 모두 통과해 지구 어디라도 퍼져 나가지만 S파
는 액체를 통과하지 못한다는 점이에요. 이런 차이는 우리가 지구
내부 모습을 알아내는 데 큰 도움이 된답니다.

27

지진계로 지진이 일어난 장소를 알아낸다고?

텔레비전 뉴스를 보거나 기상청 누리집에 들어가 보면 지진이 어느 장소에서 발생했는지에 대해 정확하게 알 수 있어요. 기상청에서는 지진이 일어난 장소를 어떻게 정확하게 알아내는 것일까요?

지진은 땅속에서 힘을 받은 땅덩어리가 깨지면서 단층이 생기고, 그 충격이 땅을 통해 퍼져 나가면서 일어납니다. 그렇다면 지진이 처음 발생한 지역은 땅속 어떤 지점이 되겠지요. 이렇게 땅속 암반이 처음 파괴된 지점을 '진원'이라고 해요. 땅속 진원에서 위로 계속 가면 땅 위, 즉 지표가 나오겠지요. 진원 위쪽의 지표에 해당하는 지점을 '진앙'이라고 합니다.

》 진원과의 거리가 다르면 《 지진파의 도착 간격도 달라

지진이 발생했을 때 지진파, 즉 P파와 S파는 땅속을 퍼져 나가는 속도도 다르고 모습도 다릅니다. 지진계의 기록을 보면 먼저 도착한 P파는 진폭이 작게 기록되지만, S파가 도착하면서 진폭은 크게 변합니다. 그런데 지진계의 기록을 보면 P파 도착 후에 S파가 도착하는 시간은 일정하지 않습니다. 다시 말해 P파 도착과 S파 도착 사이의 시간 간격이 아주 다양하다는 거지요. 왜 이런 일이 생기냐면 지진을 기록하는 지진 관측소들과 지진이 발생한 진원과의 거리가 다르기 때문입니다.

가령 지진의 진원이 강원도 동해안의 바닷속이라고 생각해 봅시다. 이 지진을 관측한 강원도 강릉의 관측소와 서울의 관측소는 진원의 지표를 가리키는 진앙으로부터의 거리가 다릅니다. 당연히 진앙인 강원도 동해안에서 아주 가까운 강릉에 지진파가 먼저 도착하고, 서울에는 나중에 도착하겠지요. 이 두 곳에 기록된 P

땅속 에너지의 폭발, 지진

파의 도착 시간도 다르지만, 속도가 더 느린 S파의 도착 시간에는 더 큰 차이가 생겨요. 지진을 관측하는 관측소에 도착한 P파와 S파의 도착 시간의 차이를 계산하면 진앙까지의 거리를 알 수 있답니다.

지진파 중 P파가 전달되는 속도는 보통 초속 6킬로미터 정도입니다. 반면 S파의 속도는 초속 3.5킬로미터 정도이지요. 그러니까 P파와 S파의 속도 차이는 초속 2.5킬로미터입니다.

지진파가 도착한 시간의 차이를 알 때 진앙과 관측소 사이의 거리를 구하는 식은 다음과 같습니다.

거리 = (P파 속도) × (S파 속도) × (S파 도착 시간 - P파 도착 시간)

÷ (P파 속도 - S파 속도)

이를 통해 서울 관측소에서 기록된 P파 도착 시간과 S파 도착 시간의 차이가 30초일 경우 서울에서 진앙과의 거리가 252킬로미터인 것을 알아낼 수 있습니다.(6×3.5×30÷2.5=252) 강릉의 관측소에서 P파와 S파 도착 시간의 차이가 10초였다면, 강릉 관측소에서 진원까지의 거리는 84킬로미터 정도 됩니다.(6×3.5×10÷2.5=84)

》 진앙의 위치를 알려면 《
관측소 세 곳이 필요해

지진이 어디에서 일어났는지를 좀 더 정확하게 알려면 최소한 관측소가 세 곳 이상 필요해요. 만약 지진 발생 지역이 강원도 동해안이라는 것을 몰랐다면, 서울 관측소로부터 252킬로미터 떨어

진 지진 발생 장소는 서울의 동서남북 어디엔가 있을 것입니다. 하나의 진앙 거리만 가지고는 정확한 위치를 알아낼 수 없다는 얘기지요. 적어도 세 군데의 관측소에서 진원 거리를 구해야 정확한 지진 발생 지점을 구할 수 있습니다.

관측소가 A, B, C가 있다고 생각해 봅시다. 각각의 관측소에서 기록된 지진파의 모습으로부터 P파와 S파의 도착 시간을 구하고, 앞에서 살펴본 계산에 따라 각각의 진원 거리를 구합니다. 관측소 A, B, C를 중심으로 하고, 계산된 각각의 진원 거리를 반지름으로 한 원을 그립니다. 그러면 세 원이 만나는 지점이 생기는데,

여기가 바로 진앙인 것이지요.

지진이 일어났을 때 방송에서 지진의 발생 위치를 알려 주는 것은 지금까지 설명한 방법들을 이용해 진앙의 위치를 구했기 때문이랍니다.

28

지진의 크기를 나타내는 방법은?

지진이 발생했을 때 어떨 때는 땅이 심하게 흔들리고, 어떨 때는 약하게 흔들립니다. 이처럼 지진에도 크기가 있어요. 그럼 지진의 크기를 어떤 방식으로 표시하는지 알아볼까요?

지진이 발생한 지역의 사람들이 느끼는 땅의 흔들림은 '지진의 크기'와 관계가 있습니다. 큰 지진일수록 크게 흔들리는 법이니까요. 다시 말해 지진의 크기에 따라 땅의 흔들림에도 차이가 생기는데, 땅의 흔들림 정도에 따라 지진의 크기를 나눌 수 있습니다. 흔들림의 정도로 나눈 지진의 크기를 '진도'라고 부릅니다.

》 진도 7 이상이면 《 피해가 엄청나

세계적으로 가장 많이 사용하는 진도는 지진의 크기를 12개로 나눈 '메르칼리 진도 계급'입니다. 정확하게는 예전에 사용하던 메르칼리 진도를 수정한 '수정 메르칼리 진도 계급'입니다.

진도의 크기 중 몇 가지만 알아볼까요? 진도 3은 지진이 일어났을 때 건물 옥상에서 땅의 흔들림을 느낄 수 있고, 주차된 자동차가 약간 흔들리는 정도이지만, 대부분의 사람들은 지진이 일어난 것을 느끼지 못합니다. 하지만 진도 5가 되면 거의 대부분의 사람들이 땅의 흔들림을 느끼고, 잠자던 사람들도 잠을 깹니다. 집 안의 물건들이 선반이나 탁자에서 떨어지고, 추시계의 추가 멈추기도 합니다.

진도 7 이상이 되면 피해가 아주 커집니다. 지진을 대비한 내진 설계를 하지 않은 건물은 쉽게 무너집니다. 진도 10이 되면 돌로 지은 건물조차 부서지고, 땅이 갈라지거나 산사태가 나기도 합니다. 그러니까 진도 10 이상이 되면 상상하기도 싫은 엄청난 피해가 발생하는 거지요.

진도의 크기는 지진 발생 지역에서 멀어질수록 작아집니다. 지진이 발생한 지역에서 가까울수록 땅의 흔들림이 크고, 멀수록 흔들림이 감소된다는 얘기지요. 그 이유는 진원에서부터 출발한 지진파는 땅속으로 퍼져 나가면서 크기가 조금씩 줄어들기 때문입니다. 즉 지진의 충격이 먼 거리에서는 약해지는 거지요.

》 흔들림의 정도는 '진도' 《 충격의 크기는 '규모'

과학자들은 땅이 흔들리는 정도가 아니라 지진이 발생했을 때 전달되는 충격의 크기를 측정하기도 합니다. 진도는 땅이 얼마나 흔들리는지를 나타내기 때문에 진도만으로는 지진이 발생했을 때 얼마나 큰 충격을 받았는지를 정확하게 알 수 없기 때문이지요.

땅속 에너지의 폭발, 지진

지진이 발생했을 때 받은 충격의 크기를 '규모'라고 부릅니다. 규모는 지진이 발생한 지점에서 순간적으로 방출되는 에너지의 크기를 나타냅니다. 바로 충격 에너지가 되는 거지요. 이 지진 에너지의 크기를 만든 사람의 이름을 따서 '리히터 규모'라고도 부릅니다. 리히터 규모는 0에서부터 9까지의 숫자로 나타내는데, 정수로만 나타내는 것이 아니라 보통 2.5, 5.2, 6.7처럼 소수점 한 자리까지 표현해요. 이것도 1, 2, 3, 4처럼 정수로만 표현되는 진도와 다른 점이지요.

규모의 숫자는 지진 에너지의 크기 즉 지진이 발생했을 때 나오는 힘의 크기예요. 규모가 클수록 에너지는 크고, 규모가 작을수록 에너지가 작다는 뜻이에요. 규모에서 1 차이는 에너지에서 약

30배 정도의 차이가 납니다. 규모 4.0의 지진과 규모 5.0의 지진은 규모의 차이는 1이지만 에너지의 차이는 약 30배입니다. 그러니까 규모 5.0과 규모 7.0은 900배(30×30)로 엄청난 차이가 나는 거예요.

TV를 통해 지진에 대한 뉴스가 나올 때 진도 또는 규모가 얼마라고 이야기하는지 주목해서 들어 보세요. 진도와 규모의 차이를 분명하게 알아두고, 혼동하지 않아야겠습니다.

29

지진파가 지구 속을 찍는 엑스레이라고?

지구 내부에 어떤 물질이 있고, 어떻게 생겼는지 무슨 방법으로 알 수 있을까요? 땅을 파서 들어가는 것은 너무 힘이 드는 데다 시간도 엄청나게 오래 걸립니다. 지금까지 12킬로미터 정도 판 것이 최고 기록인데 아래로 내려갈수록 온도와 압력이 높아져서 지금 기술로는 더 깊이 파는 것은 불가능하다고 해요. 그럼 지구 내부를 어떻게 알 수 있을까요?

앞에서 지진이 일어났을 때 땅이 흔들리는 이유를 배웠지요? 땅속에서 단층이 만들어지면서 쌓여 있던 에너지가 사방으로 퍼져 나가기 때문이라고요. 이때 땅속으로 에너지가 전달되는 것이 지진파이고, 이 지진파에는 P파와 S파가 있다는 것도 알게 되었습니다. 지금까지 우리가 배운 이 지식들은 아주 중요한 사실을 알아내는 데 이용된답니다. 바로 지진파로 땅속의 모습을 알아낼 수 있다는 것입니다.

》 P파와 S파의 성질을 이용해 《
지구 내부를 알 수 있어

몸이 아파 병원에 갔을 때 엑스레이(x-ray)를 찍어 본 적이 있나요? 엑스레이는 눈에는 보이지 않지만 우리 몸을 통과하기 때문에 엑스레이 촬영을 하면 몸속 모습을 살펴볼 수 있어요.

지진파 역시 땅속을 통과하기 때문에 땅속 구조를 살피는 데 사용됩니다. P파는 고체와 액체 모두 통과하고, S파는 고체는 통과하지만 액체는 통과하지 못해요. 단단한 물질일수록 지진파의 속도가 빨라지는 성질도 갖고 있어요.

자, 그럼 과학자들은 지진파를 이용해 어떻게 지구의 내부를 들여다볼까요? 먼저 지구의 내부는 고체일까요, 액체일까요? 그것을 알려면 지진파의 어떤 성질을 이용해야 할까요? 그래요, 액체를 통과하지 못하는 S파를 이용하면 되겠지요. 땅속으로 퍼져 나간 지진파는 여러 지층을 지나 관측 장소에 도착합니다. P파는

땅속 에너지의 폭발, 지진

고체도 액체도 통과하니까 어디에서나 관측됩니다. 그런데 S파가 관측되지 않았다면 지진파가 액체로 된 지층을 통과해 왔다는 것을 나타내는 것이지요. 그뿐만이 아니에요. 관측된 P파의 속도를 자세히 보니 속도가 일정하지 않고 빨랐다 느렸다 해요. 바로 땅속 지층들 가운데 어떤 것은 단단하고 어떤 것은 무르다는 것을 보여 주는 것이에요. 그럼 땅속에 액체로 된 층이 있거나 약하고 무른 층이 있다는 것은 무엇을 의미하는 걸까요?

그것은 바로 지구 내부에 상대적으로 뜨거운 장소와 차가운 장소가 있다는 것을 나타냅니다. 지구 내부에서는 뜨거운 물질이 상승하고, 차가운 물질이 하강하는 대류 운동이 끊임없이 일어나고 있어요. 대표적인 것으로 맨틀 상부에서 일어나는 맨틀 대류가 있습니다. 해령에서 상승하는 뜨거운 맨틀의 상승류와 해구에서 침강하는 차가운 판의 하강류가 생기는 이유이지요.

》 플룸의 이동으로도 《
지구의 여러 현상을 설명해

그런데 맨틀이 대류하는 지점보다 더 깊은 곳에서 출발하는 흐름도 있습니다. 하와이 같은 열점은 맨틀과 핵이 만나는 아주 깊은 곳으로부터 올라오는 열의 흐름으로 만들어져요. 지구 깊은 곳으로부터 올라오는 뜨거운 흐름을 '뜨거운 플룸', 반대로 지구 내부로 침강해 들어가는 상대적으로 차가운 흐름을 '차가운 플룸' 이라고 부릅니다. 계속 배출되는 연기의 모습인 '플룸'과 그 모양이 비슷하다고 해서 이런 이름이 붙었지요. 이렇게 지진파를 이용해 3차원적으로 지구 내부를 들여다보는 방법을 '지진파 단층 촬영' 또는 '지진파 토모그래피(tomography)'라고 부릅니다.

맨틀의 대류가 판을 이동시켜 지구의 여러 현상을 일으킨다고 설명하는 것을 '판 구조론'이라고 합니다. 맨틀의 깊은 곳에서 올라오고 내려가는 플룸으로 지구의 현상을 설명하는 이론을 '플룸 구조론'이라고 부릅니다. 플룸 구조론은 판 구조론으로 설명하기 어려운 부분을 보충해 주는 상호 보완적인 관계에 있습니다.

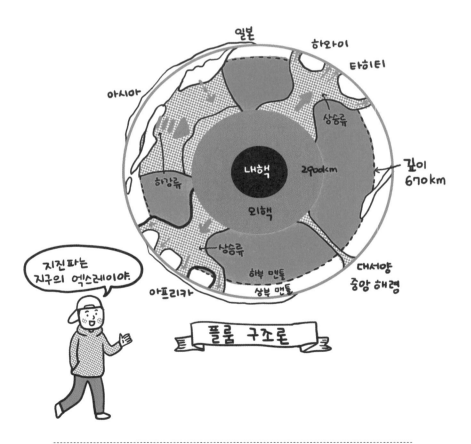

땅속 에너지의 폭발, 지진

30

지진 해일이 몰려오면?

요즘 지진 얘기를 하면 자연스럽게 지진 해일도 얘기하게 됩니다. 흔히 쓰나미라고 하지요. 종종 큰 지진이 나면 근처 해안에서부터 아주 멀리 떨어진 해안까지 지진 해일이 덮쳤다는 소식이 들립니다. 그런데 지진 해일은 왜 지진이 생긴 뒤에 발생하고, 어떻게 먼 해안까지 밀려가는 것일까요?

2004년 12월 동남아시아에 초대형 지진 해일이 몰아닥치기 전까지는 대부분의 사람들이 지진 해일에 대해 잘 몰랐어요. 지진 해일이 왜 생기는지, 바다에서 흔히 보는 파도와 뭐가 다른지 구별하지 못했지요. 당연한 일이었어요. 그동안 지진 해일이 어떻게 들이닥치는지 거의 본 적이 없기 때문입니다. 지진 해일이 휩쓸고 지나간 후 폐허가 된 사진은 있었어도 바닷가로 몰려오는 모습을 찍은 사진이나 영상은 없었으니까요.

2004년 12월 26일, 인도네시아 수마트라섬에서 조금 떨어진 바다 밑바닥이 갈라졌습니다. 규모 9.1이 넘는 강력한 지진과 함께 바닷물이 주변으로 퍼져 나갔습니다. 수마트라 해안을 습격한 지진 해일은 높이가 최대 30미터에 이르렀고, 이로 인해 인도네시아에서만 무려 24만 명이 넘는 사람이 목숨을 잃었습니다. 이어 동남아시아의 타이와 스리랑카, 몰디브에도 몰려갔고, 심지어 아프리카의 동쪽 해안까지 몰아닥쳤어요. 이 지진 해일은 바닷가 곳곳에 설치되어 있던 CCTV(폐쇄 회로 텔레비전)에 녹화된 영상이 전 세계에 전달되면서 많은 사람을 공포에 떨게 만들었습니다.

》 지진 해일은 바닷속에서 일어난 《 지진이나 화산 폭발로 생겨

지진 해일은 우리가 바다에서 흔히 보는 파도와 전혀 다른 현상입니다. 파도는 보통 바람에 의해 물의 높낮이가 변하는 거예요. 아주 높아지더라도 해안에 도착하면 부서져 없어져 버리지요. 반면

땅속 에너지의 폭발, 지진

지진 해일은 바닷물이 그대로 바닷가를 넘어서 밀려오고 심지어 바닷가에서 한참 떨어진 산언덕까지 올라가기도 합니다. 속도가 너무 빠르기 때문에 지진 해일이 일단 상륙하면 피하기 무척 어렵습니다.

지진 해일이 생기는 이유는 여러 가지입니다. 보통은 바다 밑 바닥인 해저에서 땅이 갈라지거나 무너져 지진이 일어나면 바닷물이 넘실대며 퍼져 나가 지진 해일이 됩니다. 또한 해저의 화산이나 물 위에 드러난 화산섬들이 폭발하여 땅이 꺼질 때에도 발생해요. 따라서 해저에서의 지진과 화산 폭발이 지진 해일의 주요원인이 되기 때문에 항상 주의를 기울여 관측해야 합니다.

지진 해일이 발생하는 데 순서가 있어요. 해저에서 지진이 발생하거나 화산이 폭발하면 일단 바닷물이 지진이나 화산이 폭발한 장소를 향해 빠져나갑니다. 그런 다음 지진 해일이 빠른 속도로 바닷가를 향해 되돌아오는 거지요. 지진 해일의 속도는 바다의 깊이, 즉 수심에 비례합니다. 보다 정확하게는 수심의 제곱근에 비례하지요. 먼바다에서는 지진 해일의 높이는 높지 않지만 아주 빠르게 이동하고, 얕은 바다로 오면 느려지지만 해저와의 마찰로 인해 물의 높이가 높아지게 되는 겁니다.

2011년 3월 11일, 일본 동북부 지방 태평양 가까운 해저에서 규모 9.0의 지진이 발생했어요. 순식간에 일본 동북부 해안으로 지진 해일이 덮쳤고, 바다에 떠 있던 배들도 육지로 밀려들었습니다. 이때 몰려든 엄청난 바닷물 때문에 후쿠시마 바닷가에 줄지어 있던 원자력 발전소가 피해를 입었습니다. 그 바람에 안타깝게도 방사능 물질들이 새어 나와 바다가 오염되고 말았지요. 인명 피해는 비교적 적었지만, 방사능에 의한 환경 피해는 지금까지도 여전히 진행 중입니다.

》 바닷물이 먼바다로 빠르게 《 빠져나가면 빨리 대피해

일본은 주변이 바다로 둘러싸인 섬나라이기 때문에 지진이 발생하면 지진 해일이 올지도 함께 알려 줍니다. 우리나라도 세 면이 바다로 둘러싸여 있고, 최근에는 지진이 자주 발생합니다. 예전에 동해에서 일어난 지진으로 지진 해일이 동해 바닷가를 덮친 적도 있지요.

바닷가로 올수록 속도는 느려지고 높이는 높아져.

지금 우리가 바닷가에 있다고 가정해 봅시다. 지진으로 땅이 흔들리는 것을 느꼈다면 바로 바다를 살펴봐야 해요. 혹시라도 바닷물이 먼바다 쪽으로 빠져나간다면 그것은 곧 지진 해일이 온다는 것을 의미합니다. 이제 온 힘을 다해 빨리 뛰어서 가능한 한 가장 높은 곳으로 대피해야 합니다.

31

우리나라도 지진에 안전하지 않아?

2016년에는 경주에서, 2017년에는 포항에서 큰 지진이 일어났어요. 이제 우리나라도 지진으로부터 안전한 장소가 아니라고 하니까 걱정이 됩니다. 앞으로 우리나라에서도 자주 지진이 일어날까요?

요즘 지진이 발생하면 텔레비전 뉴스에서 어디서 지진이 발생했고, 규모가 얼마인지 금방 알려 줍니다. 우리나라 기상청에서 지진을 관측하고, 관측한 자료를 방송국에 바로 보내 주기 때문이지요. 이처럼 빠르게 지진의 정보를 알 수 있는 것은 지진을 관측하는 기기, 즉 지진계가 우리나라 곳곳에 설치되어 있기 때문이에요. 하지만 이런 관측 장비가 없던 옛날에 일어난 지진 정보는 어떻게 얻을 수 있을까요?

》 역사책에서 지진 기록을 《 찾을 수 있어

과거에 지진이 어디에서 일어났고, 어느 정도의 피해가 있었는지 기록한 옛날 책들이 남아 있습니다. 『삼국사기』나 『고려사』, 『조선왕조실록』처럼 역사를 기록한 책들이지요. 당시의 기록을 보고 그 피해 상태를 파악하면 지금 우리가 사용하는 진도 얼마에 해당하는 크기인지 짐작할 수 있습니다. 역사책들을 꼼꼼히 분석해 보면 서기 2년부터 1904년까지 우리나라에 무려 1,800번 이상 지진이 있었고, 그중에는 진도 8 이상의 지진도 있었다는 사실을 알 수 있어요. 이렇게 역사에 기록된 지진을 '역사 지진'이라고 부릅니다.

역사 지진 중에서 가장 큰 지진은 779년 경주에서 발생한 지진이에요. 『삼국사기』를 보면 혜공왕 15년, 집들이 무너져 무려 100명 이상이 사망했다는 기록이 나옵니다. 죽은 사람의 수가 100명이 넘었다고 정확히 기록될 정도로 큰 지진이었지요. 1565년에는 1년 동안 무려 104번이나 지진이 일어났다고 전해져요.

우리나라는 1905년에 인천 관측소에 기계식 지진계를 설치하면서부터 본격적으로 지진을 관측하기 시작했습니다. 이때부터 기록된 지진을 '계기 지진'이라고 불러요. 시간이 지나면서 지진 관측소가 조금씩 늘어나 2019년 2월 현재 전국에 127개의 관측소가 세워져 있습니다. 지진계의 성능도 매우 좋아져 요즘은 규모가 아주 작은 지진도 관측이 되지요.

》 경주 지진의 규모 5.8 《
포항 지진의 규모 5.4

지진계로 지진을 기록하기 시작했을 때부터 2016년 경주 지진 전까지 우리나라에서 일어난 가장 큰 규모의 지진은 1980년 평안북도 삭주에서 일어난 규모 5.3 지진이었습니다. 그전에는 1978년 충청북도 속리산에서 일어난 규모 5.2 지진과 충청남도 홍성에서 일어난 규모 5.0 지진이 있었지요. 그러다가 2004년 경상북도 울진의 동쪽 바다에서 규모 5.2 지진이 발생했고, 2016년 경주에서 우리나라에서 가장 큰 규모 5.8 지진이 발생했습니다. 그리고 2017년 포항에서 규모 5.4 지진이 발생했지요.

그전까지 대부분의 사람들은 우리나라는 지진에 안전한 나라라고 여겼어요. 하지만 경주에 이어 포항까지 규모 5가 넘는 지진이 발생하면서 우리나라도 더 이상 지진에 안전하지 않다고 생각하게 되었습니다. 이 지진들이 발생한 지역에는 많은 단층들이

분포하고 있어서 지진의 직접적인 원인에 대해 지금까지 계속 조사를 진행하고 있습니다.

계기 지진의 자료를 분석해 보면 최근 15년 동안 지진계에 기록되는 지진의 수가 늘어나고 있는 것을 알 수 있습니다. 하지만 지진이 진짜 늘고 있는 것인지 기계가 정밀해져서 늘어난 것인지 조금 더 두고 봐야 알 것입니다. 하지만 예전과는 달리 큰 규모의 지진이 연달아 발생했기 때문에 이제는 지진 관측과 단층의 움직임에 대한 연구를 더욱 밀도 있게 진행해 나가야 할 것입니다.

땅 위에 있는 변환 단층,
산안드레아스 단층

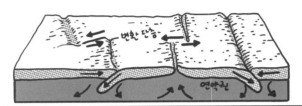

6장

지구 내부의
열 배출, 화산

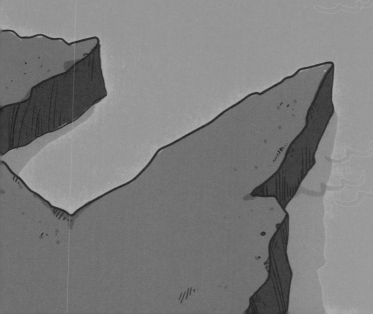

32

화산 아래 마그마방이 있다고?

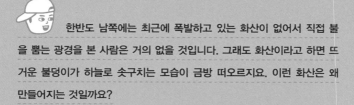

한반도 남쪽에는 최근에 폭발하고 있는 화산이 없어서 직접 불을 뿜는 광경을 본 사람은 거의 없을 것입니다. 그래도 화산이라고 하면 뜨거운 불덩이가 하늘로 솟구치는 모습이 금방 떠오르지요. 이런 화산은 왜 만들어지는 것일까요?

화산은 영어로 볼케이노(volcano)라고 하는데, 로마 신화에 나오는 불의 신 불카누스(Vulcanus)로부터 유래한 말입니다. 이탈리아 남부에 있는 불카노섬은 여기에서 온 지명으로, 정상에 커다란 화구를 가진 원뿔 모양의 아름다운 화산섬입니다.

화산은 정확히 무엇을 가리키는 말일까요? '화산'이란 땅속에서 생성된 마그마가 만드는 특징적인 지형을 뜻합니다. 보통 땅 위로 분출되어 쌓인 퇴적물로 만들어진 높은 지형을 가리켜요. 화산체라는 용어도 종종 사용되는데, 그것은 화산으로 이루어진 몸뚱이라는 의미입니다.

》 땅속 암석의 녹는점이 낮아지면 《
마그마가 생겨

텔레비전이나 인터넷 동영상에서 시뻘건 용암이 뿜어져 나오거나 엄청난 폭발음과 함께 거대한 연기가 하늘로 솟구치는 화산의 모습을 본 적이 있나요? 용암이나 가스를 분출하는 입구인 '화구'에서 피어오르는 연기는 하늘 높이 올라갑니다. 연기처럼 보이지만 실제로는 화산 가스와 함께 크고 작은 돌가루가 솟구쳐 오르는 거예요. 이렇게 화산에서 기둥 모양으로 솟구쳐 오르는 것을 '분출 기둥'이라고 부릅니다. 이 기둥은 종종 지표에서 수십 킬로미터, 즉 성층권까지 올라가기도 해요. 지표에 가까운 대류권에서는 화산재가 바람을 타고 멀리까지 이동하기도 합니다.

화산에서 분출되는 가스의 양이 엄청난 경우 지구 전체에 에

어로졸의 얇은 막이 생기기도 합니다. 그러다가 솟구쳐 오른 화산재가 시간이 지나면 아래로 떨어져 쌓이게 됩니다. 이렇게 쌓인 화산재 층을 연구해 과거 화산 폭발의 시기와 크기를 짐작하게 됩니다.

그러면 이런 화산은 왜 생기는 것일까요? 지구가 탄생한 이후 지금까지 수많은 화산이 활동해 왔습니다. 지금도 활동하고 있는 화산이 있는가 하면 활동을 멈춘 화산도 많아요. 한반도에도 과거 지질 시대에 많은 화산들이 있었습니다. 하지만 대부분은 더 이상 활동하지 않고 지금 활동하는 화산, 즉 활화산은 백두산, 한라산, 울릉도까지 세 개 정도입니다.

화산이 활동하는 이유는 땅속에 마그마가 만들어지기 때문입니다. 지구의 내부는 외핵을 제외하고 모두 고체입니다. 그런데 고체인 부분이 녹는 현상이 생기기도 합니다. 그 이유는 지구 내부가 끊임없이 운동하기 때문입니다. 땅속의 어떤 부분이 열을 받아 뜨거워지거나, 혹은 녹는점을 낮추는 물이 들어가면 녹게 됩니다. 그렇게 만들어진 물질이 바로 '마그마'입니다.

마그마란 땅속에 있는 암석이 녹아 만들어진, 대부분 뜨거운 액체로 된 물질을 뜻합니다. 지각이나 맨틀은 대부분 고체인 암석으로 이루어져 있는데, 이 암석이 녹으려면 세 가지 조건 중 어느 하나라도 있으면 됩니다. 세 가지 모두 암석의 녹는점과 관계가 있습니다. 첫째, 암석이 위치한 땅속의 장소가 평소보다 더 뜨거워져 암석의 녹는점보다 높아지면 암석이 녹습니다. 둘째, 땅속의

지구 내부의 열 배출, 화산

암석이 갑자기 융기하여 압력이 낮아지면 암석의 녹는점도 낮아져서 녹게 됩니다. 셋째, 땅속에 녹는점을 낮추는 물이 들어가면 암석이 좀 더 쉽게 녹습니다.

》 화산 활동은 마그마가 《 지표로 빠져나가는 현상

이런 조건을 바탕으로 암석이 녹으면서 마그마가 조금씩 생겨납니다. 처음에는 암석 속에 갇혀 있지만 양이 많아지면 마그마는 서서히 움직이기 시작합니다. 그러다가 땅속 어떤 장소에 모이게 되는데, 이 장소를 '마그마방' 또는 '마그마 체임버'라고 부릅니다.

생각해 보면 땅속에 고온 상태의 액체로 된 부분이 있다는 것은 불가사의한 일입니다. 땅이 푹 꺼지지 않을까 염려도 되고, 700도에서 1,300도 정도의 뜨거운 마그마 위에서 사람이 어떻게 견딜 수 있을까 하는 생각이 들기도 하지요. 그러나 실제로 그런 일은 벌어지지 않습니다. 왜냐하면 마그마방은 보통 지름이 수 킬로미터 정도 되는데, 대개 지표로부터 1킬로미터에서 10킬로미터 사이에 있는 데다 주위의 암석이 마그마를 단단히 가둬 놓고 있기 때문입니다. 또 녹은 마그마의 압력이 마그마방을 지탱시키고 있지요. 많은 화산 아래 고온의 액체로 된 공간이 있다는 것은 관측을 통해서도 알려져 있습니다.

보통 마그마방은 동그란 주머니 형태로 그려집니다. 둥근 공에 가까운 형태가 많지만, 평평한 형태도 있습니다. 땅을 파서 직접 확인하는 것이 불가능하기 때문에, 실제 모습을 제대로 알 수는 없습니다. 지진파를 사용하는 등의 간접적인 방법으로 조사하여 어느 정도 추정할 따름입니다.

화산 활동은 바로 마그마가 마그마방에서 지표를 향해 빠져나가는 현상입니다. 때로는 지표 위를 천천히 흐르면서 빠져나가기도 하고, 때로는 그 속에 있던 기체들이 팽창하면서 폭발적인 분출을 일으켜 분출 기둥을 만들며 빠져나가기도 하는 것입니다. 이런 활동을 통해 화산이 만들어집니다.

지구 내부의 열 배출, 화산

33

화산이 분포하는 장소의 특징은?

세계 여기저기에서 화산 분출이 일어납니다. 어떤 곳에는 화산이 한꺼번에 여러 개 폭발하기도 하는데, 어떤 곳에는 화산이 아예 없기도 합니다. 왜 그럴까요? 지구에는 화산이 만들어지는 장소가 따로 존재할까요?

화산은 아무 데서나 만들어지지 않습니다. 화산이 생기는 이유는 지구의 내부 운동 때문인데, 마그마를 만드는 운동이 활발한 지역이라야 화산이 생기게 됩니다. 세계 지도 위에 지금 활동하고 있는 화산을 표시해 보면 그 분포가 특정 지역에 모여 있음을 알 수 있습니다.

화산 활동이 있는 지역의 땅속에는 암석이 녹은 마그마방이 존재합니다. 즉 화산이 분포하는 곳과 마그마가 만들어지는 곳은 관계가 깊습니다. 그렇기에 화산이 어디에 분포하는지를 알려면 땅속의 어느 곳에서 마그마가 잘 생기는지를 알면 됩니다.

》 화산이 분포하는 장소, 《 해령과 열점

땅속에서 뜨거운 맨틀 물질이 올라와서 마그마가 분출하는 곳이 있는데, 가장 대표적인 장소가 바다 깊은 곳에 산맥 모양으로 만들어진 '해령'입니다. 해령은 맨틀이 순환하다가 상승하는 곳에 해당합니다. 해령에서는 맨틀의 뜨거운 열기가 올라와서 맨틀의 암석이 녹고, 그 때문에 만들어진 현무암질 마그마가 바다 밑바닥에서 분출합니다. 바다 밑바닥에 생겨나는 현무암질 암석이 해양 지각을 만듭니다.

해령은 지구의 큰 바다 아래 죽 늘어서 있어요. 태평양에는 약간 동쪽에 치우쳐 분포하고 있고, 대서양에는 한가운데를 죽 이어서 분포하고 있지요. 그러니까 해령은 지구 내부의 맨틀에서 만들어진 현무암질 마그마가 상승해 만들어진, 세계에서 가장 길게 늘어서 있는 화산입니다.

다음으로는 우리가 열점이라고 얘기했던 하와이 같은 곳에 화산이 생깁니다. 열점 대부분은 바다 아래 위치하지만, 드물게 대륙 내부에도 열점이 존재합니다. 열점은 위에서 말한 해령과는 화산이 만들어지는 이유가 다릅니다. 왜냐하면 해령에서 분출하는 마그마는 맨틀 중에서도 대류하는 상부 맨틀에서 만들어져요. 그러나 플룸이 상승하는 열점은 고정된 지점이기 때문에 대류하는, 즉 움직이는 맨틀에서 만들어지지 않아요. 그보다 더 깊은 맨틀에서 만들어져 올라오는 것이지요. 열점 역시 화산이 분포하는 특징적인 장소입니다.

》 태평양판을 둘러싼 《
불의 고리에서 화산이 분출해

세계 지도를 펼쳐놓고 화산이 엄청나게 많이 분포하는 지역을 따라 표시해 보면 태평양 가장자리를 따라 그려지는 것을 볼 수 있어요. 태평양 주위를 따라 둥그렇게 그려진다고 해서 이 화산의 분포를 '불의 고리'라고 불러요. 여기서 불이란 화산 또는 화산 분출을 의미합니다. 일반적으로 해양판이 대륙판이나 다른 해양판 아래로 침강할 때 그 경계부 주위에서 마그마가 만들어집니다. 그러다가 오랜 시간 쌓인 마그마가 분출하면 화산 활동이 생기는 것이지요.

화산은 주로 불의 고리에서 생겨.

    불의 고리 주변에서는 아주 빈번하게 화산 분출이 일어납니다. 물론 태평양 주변이 아니더라도 판과 판이 만나 마그마를 만들어 내는 장소에서는 화산이 생겨납니다. 지중해의 이탈리아 주변에 화산이 많은 것도 그런 이유랍니다.

지구 내부의 열 배출, 화산

34

화산의 모양이 서로 다른 이유는?

백두산은 무척 가파른 데다 그 꼭대기에는 호수인 천지가 있어요. 보통 화산이라고 하면 이렇게 높고 뾰족한 모습이 떠올라요. 그런데 지구의 화산들은 모두 이렇게 생겼을까요?

흔히 화산을 그리라고 하면 지표 위로 솟은 뾰족한 삼각형을 그리곤 해요. 물론 삼각형 모양의 화산 그림이 완전히 틀린 것은 아니에요. 하지만 지구의 화산을 하나하나 살펴보면 그 모양이 다 다르다는 것을 알 수 있어요. 아주 편평한 화산도 있고, 아주 가파르고 높은 화산도 있어요. 둘레도 수 미터에서 수 킬로미터까지 아주 다양하지요. 그런데 화산이 이처럼 다른 모양으로 만들어지는 이유는 뭘까요?

》 현무암질 마그마는 《
조용히 흘러

화산은 땅속에서 암석이 녹아 만들어진 마그마가 지표로 흘러나오거나 또는 분출해서 만들어집니다. 그런데 바로 이 마그마가 어떤 성질을 가지고 있느냐에 따라서 화산의 모습이 달라지는 것입니다.

땅속 마그마에는 여러 종류가 있지만, 화산의 모습이 왜 달라지는지를 이야기할 때는 크게 두 가지로 나눕니다. 먼저 아주 깊은 맨틀에서 만들어진 마그마로, 보통 현무암질 마그마라고 불러요. 이 마그마는 뜨거우면서도 무거운 대신 점성이 낮아 멀리까지 잘 흐르는 성질을 가지고 있어요. 가스 성분은 별로 들어 있지 않습니다. 가스 성분이 적기 때문에 현무암질 마그마가 지표로 분출하면 큰 폭발은 일어나지 않아요. 그 대신 조용히 지표 밖으로 용암을 뿜어내는데, 앞에서 말했듯이 점성이 낮아서 잘 흘러갑니다.

지구 내부의 열 배출, 화산

용암이나 가스를 분출하는 화구 근처에 현무암질 용암이 쌓여 완만한 산 모양을 이룬 경우, 마치 방패를 엎어 놓은 모양처럼 보인다고 해서 '순상 화산'이라고 부르지요.

또 다른 마그마로는 지각의 암석이 녹아 만들어진 화강암질 마그마가 있어요. 이 마그마는 덜 뜨겁고 가볍지만, 점성이 아주 높아 잘 흐르지 못합니다. 가스 성분도 많이 포함되어 있지요. 이 마그마는 아주 끈적이기 때문에 지표에서 흘러도 멀리까지 이동하지 못하고 화구 근처에서 둥글게 쌓이다 굳어져요. 이렇게 만들어지는 화산은 종 모양으로 생겼다고 해서 '종상 화산'이라고 부르지요.

》 엄청난 폭발은 《
화강암질 마그마가 분출한 것

화강암질 마그마는 가스를 많이 포함하고 있기 때문에 어떤 때는 엄청난 폭발을 일으키며 분출하기도 합니다. 땅속에 있는 마그마에는 가스 방울이 많이 녹아 있어요. 그런데 마그마가 지표로 올라오면서 압력이 낮아지면 가스 방울들이 마그마에서 밖으로 빠져나가려고 점점 부풀어 올라요. 하지만 화강암질 마그마는 점성이 높아서 가스가 쉽게 빠져나갈 수가 없어요. 그러다가 어느 순간 가스가 마그마에서 한꺼번에 터져 나가면서 엄청난 폭발로 이어집니다.

지구에서 엄청난 폭발을 일으킨 화산은 대개가 화강암질 마

순상 화산

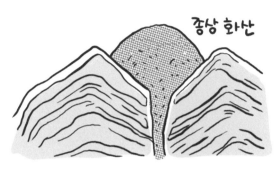

종상 화산

성층 화산

다다르죠~

그마가 분출한 것이에요. 이런 강력한 폭발이 일어나면 근처에 있
던 암석들이 조각조각 깨져요. 이런 조각들이 두껍게 쌓여 원뿔
모양의 화산이 만들어지는데, 이것을 '화산 쇄설구'라고 해요. '쇄

지구 내부의 열 배출, 화산

설'이란 것은 깨진 조각들이란 뜻이고, '구'란 것은 언덕이란 뜻이에요. 또 하나, 화산에서 큰 폭발이 일어나고 나면 그 중심부가 가라앉아 둥그렇게 파인 지형이 나타나는데, 이것을 '칼데라'라고 부르지요. 백두산의 천지가 바로 칼데라에 물이 고여 이루어진 호수입니다.

마지막으로 용암과 깨진 화산 쇄설물이 교대로 쌓이면서 아주 높고 가파른 삼각형의 화산이 만들어지기도 합니다. 일본의 후지산이 대표적이에요. 이런 화산은 용암과 쇄설물이 층을 이루면서 만들어진다고 해서 '성층 화산'이라고 부른답니다.

35

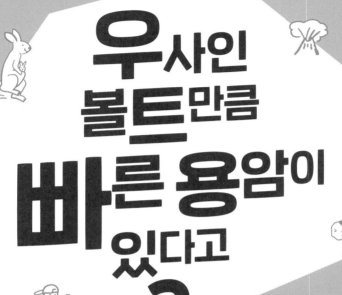

우사인
볼트만큼
빠른 용암이
있다고
?

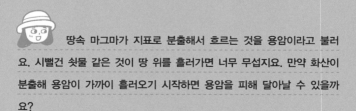

땅속 마그마가 지표로 분출해서 흐르는 것을 용암이라고 불러요. 시뻘건 쇳물 같은 것이 땅 위를 흘러가면 너무 무섭지요. 만약 화산이 분출해 용암이 가까이 흘러오기 시작하면 용암을 피해 달아날 수 있을까요?

지표로 뿜어져 나온 용암은 땅속 마그마와 마찬가지로 온도와 점성이 제각각입니다. 온도에 따라 식는 속도도 다르고, 점성에 따라 흘러가는 모습과 거리도 달라요. 온도가 높은 용암은 더 빨리 식고, 낮은 용암은 반대로 더디게 식어요. 점성이 낮으면 물처럼 멀리까지 흐를 수 있지만, 점성이 높으면 잘 흐르지 못하지요.

» 시속 40킬로미터 속도로 《 흐르는 용암도 있어

온도가 1,000도 이상으로 높고 점성이 낮은 현무암질 용암은 최대 시속 40킬로미터 정도의 속도로 넓게 퍼지면서 흘러요. 만약 이런 용암이 우리 뒤에서 흐른다면 용암을 피해 도망치기 어려울 거예요. 세계에서 가장 빠르다는 우사인 볼트의 달리기 속도가 평균 시속 40킬로미터 정도이니 보통 사람은 용암에서 벗어나기 힘들겠지요.

이런 현무암질 용암은 식으면 평균 두께가 0.2미터에서 수 미터 정도 됩니다. 그 표면에는 부드러운 주름이 잡힌 천 조각이나 새끼줄이 꼬인 모양이 나타나는데 이를 '파호이호이 용암'이라고 부릅니다. 파호이호이는 하와이 원주민 말로, 매끄럽다는 뜻을 가지고 있습니다.

파호이호이 용암보다 온도가 조금 낮고 점성이 약간 높은 용암은 시속 수 킬로미터 정도의 속도로 흐릅니다. 평균 1미터에서 십수 미터 두께로 굳어 갑니다. 빠르게 식으면서 용암의 윗면에

거칠고 울퉁불퉁한 껍질인 클링커가 생기는데 이런 용암을 '아아 용암'이라고 합니다. '아아'는 하와이 원주민 말로, 표면이 거친 용 함 또는 '활활 타다'라는 뜻을 가진 이름이랍니다.

한편, 온도가 낮고 점성이 높은 용암의 경우 흐르는 속도가 아주 느려서 굳으면 두께가 10미터에서 수십 미터 정도에 이릅니 다. 점성이 높아서 바깥쪽과 안쪽의 이동 속도가 달라 커다란 바 윗덩어리 모양으로 부서지면서 굳는데, 이런 용암을 '괴상 용암' 이라고 해요.

또 용암이 흐르다 물을 만날 수도 있어요. 현무암질 용암이 흐르다가 바다나 큰 호수를 만나면 빨리 식으면서 베개 모양으로 굳어요. 이런 용암을 '베개 용암'이라고 합니다.

　　　　　　　　　　　　　지구 내부의 열 배출, 화산

》 초거대 분화로 《
넓은 고원이 생겨

유라시아 대륙과 아메리카 대륙에는 현무암질 용암으로 만들어 진 광대한 대지들이 있습니다. 많은 양의 마그마가 분출해 용암이 넓은 지역을 덮으면서 만들어진 편평한 지형이 끝없이 펼쳐진 곳 이지요. 이것은 '홍수 현무암'이라고 불리는 현상입니다. 마그마 가 홍수처럼 넘쳐흘러 수백 킬로미터에 이르는 지역을 순식간에 덮어 버린 것이지요. 이 용암의 두께는 3킬로미터에 이르기도 합 니다.

홍수 현무암은 인도의 데칸고원, 북아메리카의 콜롬비아공 원 등이 유명한데요, 한반도 면적보다도 수십 배나 넓은 지역이 용암으로만 덮여 있어요. 이것은 뜨거운 플룸의 활동에 의한 초거 대 분화로 생겨난 것이랍니다.

36

화산이 터질 때 분출기둥은 왜 생길까?

뉴스에서 화산이 쾅 하고 폭발하면서 화산 위로 검은빛 연기와 함께 높은 기둥이 치솟는 것을 본 적 있나요? 화산이 폭발할 때 이런 기둥이 왜 생기고, 그 속에는 어떤 것들이 포함되어 있는 걸까요?

화산 분출이 폭발적으로 일어나기 전, 먼저 산 정상에 검은색의 연기가 피어오릅니다. 연기처럼 보이지만 사실 그 속에는 가스뿐만 아니라 고운 돌가루부터 돌덩이까지 포함되어 있습니다. 그러다가 쾅 하고 폭발하면서 분출 기둥이 하늘 높이 솟아오르는 것이지요. 화산에서 나오는 돌덩이는 보통 밝은색으로, 용암이 빠르게 식어 생긴 구멍이 송송 난 부석인 경우가 많습니다.

》 마그마의 분출력과 데워진 공기가 《 분출 기둥을 만들어

하늘 높이 솟구친 화산재와 돌덩이로 기둥이 만들어지는 이유는 무엇일까요? 첫째로 화산 분출이 시작되면 땅속에서 마그마가 힘차게 솟아오르는데, 그 분출력 때문에 부석 덩어리와 화산재가 하늘 높이 솟구치는 것입니다. 화산재는 보통 부석이 잘게 부서진 아주 작은 알갱이입니다. 부석이 화구로부터 솟구쳐 오를 때, 강한 힘이 작용해 잘게 부서지는 것이지요.

둘째로 열이 작용하기 때문입니다. 화구를 막 빠져나온 부석 덩어리와 화산재는 여전히 아주 뜨거운 데다 함께 빠져나온 가스도 온도가 아주 높습니다. 이것들이 화구 주변의 공기를 순식간에 데우고, 이렇게 데워진 공기는 가벼워집니다. 가벼워진 공기가 부석 덩어리, 화산재와 뒤섞여 위로 상승하는 것이지요.

마그마가 분출하는 힘과 데워진 공기가 상승하는 힘에 의해 부석 덩어리와 화산재는 화구에서부터 하늘 높이 수십 킬로미터까지 솟구쳐 분출 기둥을 만듭니다. 분출 기둥의 높이는 화구의 직경과 마그마 속에 포함된 가스의 양, 화산재의 분출 속도와 바람 등에 영향을 받습니다.

분출 기둥에 포함된 부석과 화산재 그리고 화산 가스는 수 킬로미터 상공에 도달하면 식게 됩니다. 화산 가스의 대부분은 수증기인데, 이 수증기가 식으면서 물방울이 됩니다. 이 물방울 덕분에 공중에 떠돌아다니는 엄청난 양의 화산재가 뭉칩니다. 물이 접착제 역할을 해서 아주 작은 화산재들을 결합시키는 것이지요. 이때 화산재가 모여 콩 같은 둥근 모양이 만들어지는데 이를 '화산 두석'이라고 부릅니다.

》 화산 쇄설류의 속도는 《 자동차만큼 빨라

한편, 솟구친 분출 기둥은 아래에서부터 밀어 올리는 힘이 약해지면 와르르 무너집니다. 주로 돌가루와 돌덩이로 되어 있으니 무너질 때 엄청난 속도로 떨어져 주변으로 흩어져 나갑니다. 화구로부터 격렬하게 분출된 크고 작은 암석 덩어리들 즉 화산 쇄설물이 지면을 타고 흘러내리는 현상이 일어나는 것이지요. 이런 흐름을 '화산 쇄설류' 또는 '화쇄류'라고 합니다. 화쇄류는 엄청난 속도로 흐릅니다. 시속 100킬로미터가 훨씬 넘기 때문에 자동차를 타고도 도망치기 힘들 정도지요.

뜨거운 화산 쇄설류의 성질은 퇴적물에 그 특징이 남아요. 무

려 700도가 넘는 고온이었기 때문에 지면에 떨어진 뒤 퇴적물끼리 서로 붙어 버립니다. 이런 현상을 '용결'이라고 하는데, 녹아서 붙었다는 의미입니다.

화산재가 낙하하고, 화산 쇄설류가 덮치면서 화산 주변의 도시들은 묻히고, 그 속에 있던 것들은 타서 재가 되거나 돌로 굳어져 화석이 되기도 했습니다. 그래서 아주 오랜 시간 화산재 속에 묻혀 있다가 발굴된 도시도 있답니다.

37

화산 폭발로 사라진 도시가 있다고?

고대 이탈리아의 도시 폼페이와 헤르쿨라네움은 베수비오 화산이 폭발했을 때 화산재 속에 묻혀 사라진 도시입니다. 그럼 폼페이와 헤르쿨라네움에 살던 사람들은 어떻게 되었을까요? 만약에 지금 베수비오 화산이 터지면 어떻게 될까요?

화산이 분출하고, 엄청난 양의 화산 쇄설물이 주변을 덮으면 예전의 흔적은 거의 보이지 않습니다. 집도, 사람도, 동물도, 식물도 모두 재와 돌더미 속에 파묻히기 때문이지요. 이렇게 폐허가 되면 나중에 그 흔적을 찾기가 거의 불가능합니다. 지금도 땅속에 이런 폐허가 얼마나 있는지 알 수 없습니다.

» 79년, 화산재 아래 «
파묻힌 폼페이

화산 폭발로 사라진 도시 가운데 가장 유명한 이야기를 가진 곳은 이탈리아의 고대 도시 폼페이입니다. 장화처럼 생긴 이탈리아 반도 중서부 지역에 위치한 베수비오 화산은 79년에 커다란 폭발을 일으켰고, 이로 인해 주변 지역이 모두 화산재에 묻혔습니다. 묻혀 있던 도시의 폐허는 1590년대 발견되었지만, 제대로 발굴되어 그 모습을 드러낸 것은 18세기 중반에 이르러서입니다. 발굴된 당시 주민들이 모두 돌이 되어 있는 모습은 참으로 섬뜩합니다.

　폼페이의 멸망은 화산 폭발이 가져온 엄청난 재앙이었습니다. 79년 8

지구 내부의 열 배출, 화산

월 24일 베수비오 화산이 불을 뿜으면서 폭발했습니다. 하늘에서 비오듯 쏟아지는 화산재와 돌덩이를 피해 폼페이 시민들은 도망 쳤지만 독성이 강한 화산 가스를 마시거나 뜨거운 열기 때문에 죽음을 맞이한 사람들도 수천 명이나 되었어요. 그렇게 폼페이는 3 미터나 되는 화산재 아래 묻혔습니다.

폼페이뿐만 아니라 베수비오 화산에서 서쪽으로 7킬로미터 남짓 떨어진 도시 헤르쿨라네움도 화산이 폭발하면서 무려 23미 터나 되는 두꺼운 화산재 아래 완전히 묻혔습니다. 베수비오 화산이 폭발할 당시 분출 기둥의 높이는 무려 32킬로미터 정도였을 것으로 추정됩니다. 그리고 약 20시간에 걸쳐 4세제곱킬로미터에 이르

는 화산재가 방출되었어요. 폼페이보다 헤르쿨라네움에 재가 더 두껍게 쌓인 것은 이 도시가 베수비오 화산에 더 가까웠기 때문입니다.

》 언제 폭발할지 모르는 《 활화산, 베수비오

베수비오 화산은 나폴리에서 동쪽으로 약 10킬로미터 위치에 우뚝 서 있고, 높이는 1,281미터입니다. 베수비오 화산이 만들어진 것은 적어도 30만 년 이전인데, 기원전 6000년과 기원전 3500년 무렵에도 화산 폭발이 있었지요.

79년의 폭발 이후에도 베수비오 화산에서는 크고 작은 분출이 계속되었습니다. 1631년에 일어난 폭발은 3,500명의 생명을 앗아 갔지요. 1700년대 후반에도 분출이 있었고, 20세기 들어서도 1913년과 1944년 사이에 여러 차례의 분출이 있었습니다. 최근에는 폭발 징후가 없지만 베수비오 화산은 여전히 언제 폭발할지 모르는 활화산입니다. 만약 베수비오 화산이 다시 활동을 시작한다면 어떻게 될까요? 지금 화산 부근에는 백만 명 이상의 인구가 밀집해 있습니다. 베수비오 화산이 폭발한다면, 그 뒤는 생각만 해도 끔찍한 일입니다.

38

슈퍼화산이 터지면 생물종 반 이상이 사라진다고?

아주 거대한 폭발로 엄청난 피해를 주는 화산도 있지만, 조그만 화구에서 용암만 조용히 내뿜는 작은 화산도 있어요. 화산 폭발에도 지진처럼 크기를 나타내는 기준이 있나요? 그리고 보통 화산보다 엄청나게 폭발력이 큰 슈퍼화산도 진짜 있을까요?

지진이 발생했을 때 그 크기를 진도와 규모로 얘기합니다. 그럼 화산이 분출했을 때 크기를 나타내는 방법이 있을까요? 화산의 경우도 크기를 나타내는 방법이 있습니다. 이것을 '화산 폭발 지수'라고 하는데, 보통은 폭발 당시의 분출 기둥의 높이와 뿜어져 나온 분출물의 양으로 결정합니다.

화산 폭발 지수는 0에서 8등급으로 나누는데, 한 등급의 차이가 분출물의 양에서 약 10배의 차이가 납니다. 기록에 남아 있는 화산 폭발 지수를 찾아보면 인도네시아의 탐보라산과 백두산이 7이고, 1991년 폭발한 필리핀의 피나투보산이 6, 미국의 세인트헬렌스산이 5에 해당합니다. 규모가 큰 화산 폭발일수록 그 피해가 엄청납니다.

» 숫자가 작을수록 《
자주 폭발해

화산 폭발 지수에는 화산이 크기에 따라 얼마나 자주 분출하느냐 즉 분출 주기도 포함됩니다. 관측이나 남겨진 역사 기록을 통해 화산의 분출 주기를 알아낼 수 있습니다. 또한 화산 분출로 쌓인 용암층이나 화산 쇄설물 층을 조사하여 얼마나 자주 분출했는지를 알아내기도 하지요. 화산 폭발 지수가 낮으면 분출 주기는 아주 짧습니다. 0~1은 매일 분출하는 수준이고, 2는 매주, 3은 매년, 4는 10년, 5는 100년 단위로 분출한다고 예상합니다. 즉 미국의 세인트헬렌스산은 100년에 한 번 정도 폭발하는 화산으로 생각한다는 것이지요. 폭발 지수 6은 분출 주기가 수백 년, 7은 천 년 정도입니다. 8은 만 년 이상이 되고요. 분출 주기라는 것은 땅속에 있는 마그마방이 한 번 화산 분출을 일으킨 다음, 다시 분출할 때까지 걸리는 시간이라고 보면 되겠지요.

폭발 지수가 크면 당연히 뿜어내는 분출물의 양이 많고, 또 그 분출물들로 인해 영향을 받기 때문에 피해도 엄청 크겠지요. 그런데 폭발 지수가 작다고 안심해서는 안 됩니다. 사람들이 밀집해 살고 있는 도시 주변의 화산은 폭발 지수가 작아도 큰 피해를 줄 수 있으니까요. 또 바다 한가운데 있는 화산도 자칫 육지와 머니까 폭발해도 안전하다고 생각하기 쉽습니다. 하지만 화산 폭발로 화산의 일부가 가라앉으면 지진 해일이 발생해서 먼바다 건너 육지에 엄청난 피해를 입히기 때문에 신경을 써야 합니다.

》 슈퍼화산이 폭발하면 《
지구 생물들이 멸종해

화산 폭발 지수 최고 등급인 8에 해당하는 화산은 '슈퍼화산'이라고 부를 수 있습니다. 슈퍼화산은 분출할 때 뿜어져 나오는 물질의 양이 무려 10^{15}킬로그램 이상 되는 화산을 말합니다. 슈퍼화산은 대부분 과거 지질 시대에 활동했습니다. 러시아의 '시베리아 트랩', 미국의 '옐로스톤', 인도네시아의 '토바', 뉴질랜드의 '타우포'가 그것들입니다.

과거 지질 시대에 생물이 크게 멸종했던 시기가 다섯 차례 있

었다고 알려져 있습니다. 그 가운데에서도 강력한 화산 폭발로 피해가 컸던 시기는 페름기와 중생대 초인 트라이아스기 사이에 해당하는 약 2억 5,000만 년 전입니다. 이 시기에 해양 생물종의 약 90퍼센트 이상, 육상 생물종의 약 60퍼센트 정도가 멸종했다고 알려져 있습니다. 그걸 어떻게 아냐고요? 쉽습니다. 멸종이 일어난 전후의 지층을 비교합니다. 이전의 지층에 포함되어 있는 생물 화석의 종류와 양을 조사하고, 이후의 지층에 대해서도 같은 조사를 합니다. 그러면 차이를 금방 알 수 있겠지요. 그런데 이 시기에 어떤 일이 일어났던 것일까요?

지금으로부터 약 2억 5,000만 년 전, 수천 킬로미터에 걸쳐 있는 시베리아 트랩 지역에서 용암이 흘러나오고 화산 쇄설물이 하늘을 뒤덮었습니다. 정말 엄청났을 겁니다. 한번 상상해 보세요. 수십 개 이상의 화구에서 엄청난 폭발이 일어납니다. 시뻘건 용암이 흘러나오고, 높이 수십 킬로미터 이상의 분출 기둥이 여기저기서 솟구치는 모습을요.

당시에는 지구의 모든 대륙이 한데 모여 판게아라는 초대륙을 이루고 있었어요. 화산 분출로 주변의 생태계가 완전히 파괴됩니다. 하늘은 재와 돌덩이, 유독 가스로 뒤덮였어요. 태양빛이 지표에 닿지 못해 지구의 기온은 아주 빠르게 내려갑니다. 기온이 몇 도라도 떨어지면 동식물은 큰 타격을 받습니다. 서늘한 여름이 몇 년 이어지면서 식물은 광합성을 방해받고, 기온이 계속 떨어지면서 대부분 죽습니다. 식물을 먹고 사는 동물도 식량이 부족해 죽겠지요. 하늘로 올라간 유황 가스는 산성비가 되어 바다에 떨어집니다. 산성이 된 바다에는 산소가 부족해 바다 생물들이 죽어 갑니다. 시베리아 트랩 폭발은 지구 역사상 가장 참혹한 사건이었습니다.

문제는 '슈퍼화산들이 언제 다시 활동할 것인가?'입니다. 지금으로서는 알 수 없습니다. 슈퍼화산들 아래 위치한 마그마방이 완전히 식은 상태가 아닙니다. 옐로스톤만 보더라도 땅속에서 데워진 물이 간헐천으로 솟아오릅니다. 물론 마그마를 뿜는 정도는 아니지만요. 슈퍼화산 아래 마그마방에 다시 뜨거운 마그마가 채워진다면 엄청난 폭발을 할 거라고 예상할 수 있기 때문에 이에 대한 지속적인 관찰이 필요합니다.

39

백두산이 다시 폭발하면?

백두산은 역사 시대에 들어서 가장 큰 폭발을 일으켰던 화산 중 하나라고 알려져 있습니다. 그런데 백두산이 큰 폭발을 일으켰는지 어떻게 알 수 있었을까요? 폭발이 있었던 때로부터 1,000년이 지난 지금, 백두산은 다시 폭발할까요? 폭발한다면 미리 알 수 있는 방법이 있을까요?

백두산은 세계적으로 주목받고 있는 화산 중 하나이며, 많은 화산 학자들이 백두산에 대해 조사와 연구를 하고 있습니다. 백두산의 화산 폭발에 대해 두 가지 점에서 논란이 있습니다. 하나는 1,000년 전에 엄청난 폭발을 했다고 하는데 그것이 정확히 언제인지에 대한 문제이고, 다른 하나는 백두산이 언제 다시 폭발하느냐에 대한 문제입니다.

》 정말 1,000년 전에 《 백두산이 폭발했을까?

백두산이 1,000년 전에 엄청나게 크게 폭발했다는 것은 잘 알려져 있지 않았어요. 그러다 1990년대 초반, 일본의 연구진이 일본 동북 지방 화산 지대에서 이상한 화산재를 발견합니다. 흰색의 얇은 화산재 층을 조사해 보니 1,000년 전쯤 만들어진 이 화산재 지층을 형성시킬 만한 화산이 일본에 없었어요. 그래서 백두산 쪽을 살피게 되었고 화산재 지층과 묘하게 일치한다는 사실을 발견했지요. 만약 그렇다면 900년대 어느쯤 백두산이 폭발했고, 그때 화산재가 동해를 건너 일본까지 간 것입니다.

문제는 화산 폭발에 대한 역사 기록에 있습니다. 지금 우리가 알고 있는 백두산의 1,000년 전 폭발은 화산 폭발 지수로 보면 7 이상입니다. 인도네시아의 탐보라 화산과 거의 같은 규모입니다. 그 정도의 엄청난 폭발이라면 분명 기록에 남겨져 있을 텐데, 화산이 폭발했다는 기록이 남아 있지 않습니다. 우리나라의 역사 기록이나 중국의 역사 기록 어디에도 백두산이 폭발했다는 직접적인 자료를 찾을 수 없습니다. 참으로 이상한 일입니다.

다만 화산 폭발의 단서가 될 만한 기록은 일부 찾을 수 있습니다. 우리나라 역사책인 『고려사』에 보면 946년 하늘에서 북소리가 들려 죄인을 사면했다는 기록이 있고, 일본의 옛날 문서에도 비슷한 시기에 하늘에서 하얀 재가 내린다든지, 천둥소리가 들렸다는 기록이 남아 있습니다. 그런데 이런 기록이 화산 현상과 무슨 관계가 있을까요?

화산 폭발의 소리는 규모가 클수록 엄청납니다. 백두산과 비슷한 탐보라 화산의 예를 들면, 1815년 화산이 분출할 때 폭발음이 2,600킬로미터 떨어진 곳에서도 들렸을 정도라고 해요. 그러니까 백두산의 폭발 소리도 1,000킬로미터 이내의 한반도와 일본 등지에서 들렸을 가능성이 있습니다. 화산재 역시 탐보라 화산의 경우 주위 1,300킬로미터까지 날아갔습니다. 백두산의 화산재가 동해를 건너 일본까지 이른 것은 그 규모로 보아 어려운 일이 아닙니다.

그러면 이런 기록이 얘기하는 946년 무렵이 백두산이 가장 크게 폭발한 시기일까요? 과학자들은 물질의 절대 나이를 방사성 연대 측정으로 알아냅니다. 백두산 폭발 때 주변의 나무들이 화산재의 뜨거운 열기로 인해 타서 목탄이 되었습니다. 이 목탄을 이용해 탄소 연대를 측정하면 나무가 죽은 시기를 알아낼 수 있습니다. 그 결과 나이가 대략 946년 전후를 가리킨다는 것입니다. 따

지구 내부의 열 배출, 화산

라서 일부 고문서의 기록들이 1,000년 전 백두산의 거대한 폭발의 간접적인 기록일 수 있겠지요.

》백두산은 언제든 《 다시 폭발할 수 있어

그러면 백두산은 언제 다시 폭발할까요? 백두산은 활화산입니다. 활화산은 과거 역사 시대에 화산 활동의 기록이 있거나, 과거 1만 년 이내에 활동했던 지질학적 기록이 있는 화산을 뜻합니다. 백두산은 10세기 이후만 해도 무려 30차례 정도의 화산 분출 기록이 있어서 언제든지 다시 폭발할 가능성이 무척 높아요. 가까운 시일 내에 1,000년 전과 같은 엄청난 규모로 폭발할 가능성은 높지 않지만, 그보다 작은 규모의 폭발은 얼마든지 가능합니다.

백두산이 다시 폭발할지 아닐지는 백두산 주변에 대한 구체적인 지질 조사를 통해 진단해야 합니다. 화산 재해는 직접적인 영향도 있지만, 간접적인 영향도 무시할 수 없습니다. 따라서 그에 대한 대비책 마련도 소홀히 하지 않아야 하겠습니다.

40

지구의 역사를 한눈에 볼 수 있는 곳이 있다고?

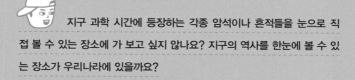

지구 과학 시간에 등장하는 각종 암석이나 흔적들을 눈으로 직접 볼 수 있는 장소에 가 보고 싶지 않나요? 지구의 역사를 한눈에 볼 수 있는 장소가 우리나라에 있을까요?

과학의 출발점은 누가 뭐래도 관찰이 먼저입니다. 지구를 알고 싶으면 지구의 여러 가지 얼굴이 드러난 곳을 보면 좋습니다. 동해에 가서 태양이 뜨는 것도 보고, 서해에 가서 태양이 지는 것도 보면 좋을 것입니다. 남해 바닷가에 가서 공룡 발자국도 찾아보고, 북쪽 평화 지역에 가서 평화의 의미를 새겨 보는 것도 좋을 것입니다. 이렇게 지질학적, 생태적, 역사적 가치를 지닌 장소가 있는데, 바로 지질 공원입니다.

》 다양한 가치를 지닌 《 지질 공원

유네스코에서는 '지질 공원은 특별한 과학적 중요성, 희귀성 또는 아름다움을 지닌 지질 현장으로, 지질학적 중요성을 포함해 생태적, 역사적으로 가치를 지닌 지역이다'라고 이야기합니다. 각 나라에서 지정한 지질 공원을 '국가 지질 공원'이라고 하며, 유네스코가 지정한 지질 공원을 '유네스코 세계 지질 공원'이라고 부릅니다.

2019년 현재 우리나라의 국가 지질 공원은 제주도, 울릉도·독도, 부산, 강원 평화 지역, 청송, 무등산권, 한탄강, 강원 고생대, 경북 동해안, 전북 서해안권까지 모두 열 곳이에요. 이 가운데 제주도, 청송, 무등산권은 유네스코에서 세계 지질 공원으로 지정했습니다. 국가 지질 공원이 되기 위해 준비 중인 지역도 여러 군데 있고, 또 국가 지질 공원이 세계 지질 공원으로 지정받기 위해 준

비하는 지역도 있습니다. 이런 지질 공원들은 우리나라에서 지구 과학적으로 중요한 위치를 차지하고 있으면서 경관도 우수한 장소들입니다. 특히 공원마다 지형적 특색이 달라서 시간이 되면 찾아가 눈으로 직접 확인하는 것도 지구 과학을 공부하는 데 큰 도움이 될 것입니다.

먼저 남쪽 끝 제주도 세계 지질 공원에 가 볼까요? 이곳에서는 한반도 남쪽에서 가장 높은 산인 한라산을 비롯해 기생 화산인

오름들을 곳곳에서 만날 수 있습니다. 형태와 지형이 잘 보존되어 있어 학술적 가치가 큰 용암 동굴인 만장굴을 볼 수 있고, 동쪽 바닷가에서는 5,000년 전 화산 활동으로 만들어진 성산 일출봉을 볼 수 있지요. 그밖에도 용암이 급격하게 식으면서 만들어진 주상절리를 비롯해 산방산이나 용머리 해안처럼 아주 오래된 화산체를 찾아볼 수 있습니다.

그다음으로 청송 세계 지질 공원에 가 볼까요? 청송에 가면 오래전 화산 폭발 때 쌓인 화산재가 점차 빠르게 식으면서 만들어진 가파른 협곡과 기암절벽을 만날 수 있습니다. 주왕산 일대에서는 마그마가 호수를 만나 급하게 식으면서 깨진 퇴적물과 뒤섞여 만들어진 암석인 페퍼라이트를 만날 수 있지요. 수프에 후추(페퍼)를 뿌린 것 같다고 해서 이런 이름이 붙었는데, 검은색 현무암에 붉은색 퇴적물이 뒤섞여서 독특한 색을 띱니다. 신성리에 가면 바위에 남겨진 공룡 발자국도 발견할 수 있어요.

전라남도에 있는 무등산권 세계 지질 공원에 가면 무등산 정상에서 주상 절리 육각 바위기둥이 병풍처럼 서 있는 모습을 볼 수 있습니다. 무등산 1,000미터쯤에 이르면 여름에는 서늘한 공기가 나오고 겨울에는 따뜻한 공기가 나오는 구멍인 '풍혈'도 만날 수 있지요. 화순 운주사에서는 암석으로 만들어진 불상을 지질학적 관점으로 해석해 볼 수도 있답니다.

지구 내부의 열 배출, 화산

» 지질 공원은 «
살아 있는 지구 과학 교과서

이 밖에도 동서로 넓게 분포하고 있는 강원 평화 지역 지질 공원에서 화강암 위에 현무암 용암이 흐른 지형을 보거나 울릉도·독도 지질 공원에서 바다의 밑바닥에서부터 수면 위까지 3,000미터나 불쑥 솟아오른 화산섬의 다양한 지형을 만날 수 있습니다.

지질 공원은 살아 있는 지구 과학책이에요. 지질 공원에 가서 아름다운 경관과 함께 여러 가지 재미있는 지질과 지형을 찾아보고 좋은 추억도 쌓아 보세요.

질문하는 과학 04

오스트레일리아가 우리나라 가까이 오고 있다고?

초판 1쇄 발행 2019년 5월 10일
초판 5쇄 발행 2023년 8월 30일

지은이 좌용주
그린이 김소희
펴낸이 이수미
편집 김연희
북 디자인 신병근
마케팅 김영란

종이 세종페이퍼 인쇄 두성피엔엘 유통 신영북스

펴낸곳 나무를 심는 사람들
출판신고 2013년 1월 7일 제2013-000004호
주소 서울시 용산구 서빙고로 35, 103동 804호
전화 02-3141-2233 팩스 02-3141-2257
이메일 nasimsabooks@naver.com
블로그 blog.naver.com/nasimsabooks

ⓒ 좌용주, 2019
ISBN 979-11-86361-91-7
　　　979-11-86361-74-0(세트)